农业绿色转型模式探索与实践

刘红梅　赵建宁　张艳军　王　慧　张海芳　杨殿林　等 著

U0306315

中国农业科学技术出版社

图书在版编目（CIP）数据

农业绿色转型模式探索与实践 / 刘红梅等著. --北京：中国
农业科学技术出版社，2023.9
ISBN 978-7-5116-6422-8

Ⅰ.①农… Ⅱ.①刘… Ⅲ.①绿色农业—农业发展—研究—
中国 Ⅳ.①F323

中国国家版本馆CIP数据核字（2023）第 164243 号

责任编辑	王惟萍
责任校对	马广洋
责任印制	姜义伟 王思文

出 版 者	中国农业科学技术出版社
	北京市中关村南大街 12 号 邮编：100081
电 话	（010）82106643（编辑室） （010）82109702（发行部）
	（010）82109709（读者服务部）
网 址	https://castp.caas.cn
经 销 者	各地新华书店
印 刷 者	北京捷迅佳彩印刷有限公司
开 本	170 mm × 240 mm 1/16
印 张	12.5
字 数	225 千字
版 次	2023 年 9 月第 1 版 2023 年 9 月第 1 次印刷
定 价	63.80 元

《农业绿色转型模式探索与实践》
著 者 名 单

刘红梅	赵建宁	张艳军	王　慧
张海芳	杨殿林	张贵龙	修伟明
李　刚	李　洁	王雅梅	李琦聪
林　峰	李青梅	蔡连贺	李艳冬
庞　波	高晶晶	李睿颖	安克锐
王　蕊	海　香	周广帆	李　静
张思宇	刘仟龙	王崇翰	樊林染
姜　娜	张　昊	何北辰	

前　言

　　"十三五"时期，农业农村发展取得巨大成就。然而，伴随着土地集约化程度加深和农业生产资料投入的不断增加，土壤退化、资源利用率低和环境恶化等问题也一直是困扰农业可持续发展的主要因素。一方面，耕地肥力退化严重，有机质含量减少、团粒结构退化，耕作层变薄、板结，甚至水土流失和沙化，耕地质量大幅度下降；另一方面，农业生物多样性遭受重大破坏，农业动植物（品种）同质化趋向日益加剧、农业生境萎缩并不断向结构单一化、简单化、破碎化或愈益人工化方向发展，严重威胁农业可持续发展。

　　近年来，农业农村部环境保护科研监测所农业生物多样性与生态农业创新团队在中国农业科学院科技创新工程协同创新任务"丹江口水源涵养区绿色高效农业技术创新集成与示范"（CAAS-XTCX2016015），国家重点研发计划课题"秸秆和畜禽粪便资源化高效利用技术与装备"（2018YFD0800905）、全球环境基金（Global Environment Facility，GEF）七期"面向可持续发展的中国农业生态系统创新性转型项目"（FOLUR-2022-10），农业生态环境保护项目及中央级公益性科研院所基本科研业务费专项资助下，针对我国集约化农业存在的问题，以丹江口水源涵养区、华北集约化农田和东北集约化农田为对象，通过不同耕作方式、施肥试验、间轮作试验和果园种植覆盖作物长期试验，研究耕作、施肥、间轮作和果园覆盖作物种植对作物产量、土壤质量、土壤微生物、节肢动物的影响，得出合理的耕作方式、施肥、间轮作和果园覆盖作物种植可提高土壤质量、土壤生物多样性、节肢动物多样性和作物产量。以湖北省大冶市为研究示范县，提出了适合当地发展的主导产业；以山东省庆云县和莱州市为研究示范县，提出了粮食生产能力提升与生态景观构建的示范方案和实施目标。并借鉴发达国家农业绿色发展和转型的成功经验提出了我国农业绿色发展转型的建议。《农业绿色转型模式探索与实践》一书是这一研究的最新进展。

本书共8章：第1章　我国农业绿色发展面临的问题与挑战，介绍了农业可持续发展和农业绿色发展的定义与相关内涵，分析了我国农业绿色发展和生态转型面临的问题与挑战；第2章　发达国家农业绿色发展的实践与启示，介绍了欧盟、美国、日本、瑞士、荷兰等发达国家和地区在绿色转型上的相关政策和实践，提出了对我国农业绿色发展的启示；第3章　保护性耕作对土壤质量和生物多样性的影响，比较分析了不同耕作方式下土壤有机碳组分、碳库管理指数、团聚体、微生物、节肢动物和摄食活性的变化特征；第4章　施肥对土壤质量和生物多样性的影响，比较分析了不同施肥措施下土壤理化性质、固碳微生物群落结构和碳源代谢的变化特征；第5章　玉米大豆间作对大豆光合特性和水分利用效率的影响，从植物生理生态学角度阐述不同宽幅玉米大豆间作对大豆光合特性、水分利用效率和群体产量的影响；第6章　覆盖作物多样性对猕猴桃园土壤质量和节肢动物的影响，比较分析了不同覆盖作物复合种植对猕猴桃园土壤理化性质、酶活性和节肢动物的影响；第7章　我国农业绿色转型的实践，介绍了湖北省大冶市生态农业体系建设，山东省庆云县和莱州市绿色转型的典型案例；第8章　农业绿色发展的对策建议。本书可供生物多样性与生态农业相关领域的科研、管理和生产人员参考。

本书虽几易其稿，但限于水平和时间，缺点和疏漏在所难免，敬请批评指正。

著　者

2023年3月于天津

目 录

第1章 我国农业绿色发展面临的问题与挑战

改革开放以来，我国农业发展取得巨大成就。然而，土地集约化程度和农业生产资料的投入却不断增加，在满足粮食需求的同时，也导致了土壤退化、资源利用率低和环境恶化等严重问题。一方面，农业发展面临着资源与环境的双重制约，水土资源约束日益趋紧，农业面源污染加重，农业生态系统退化明显，农业持续稳定发展面临的挑战前所未有（尹昌斌等，2021）；另一方面，人们对优质农产品的需求不断增加，而市场供给却不充分，供需失衡导致优质农产品市场结构性矛盾突出。生态和经济的双重压力导致农业生产结构必须作出深刻变革，而推动农业绿色发展是破解农业生产和优质农产品消费困境的重要手段之一。本章在界定绿色发展和可持续发展等相关内涵的基础上，介绍了我国可持续农业发展阶段与相关政策，分析了我国农业绿色发展和生态转型面临的问题与挑战，提出了我国已具备农业生态转型的可行性与基础条件。

1.1 绿色发展相关概念和内涵

绿色发展是人类共同追求的目标，也是国内外研究的热点。可持续发展、绿色发展二者的关系密不可分。为了拓展对绿色发展的认识，国内外不同学者对"可持续发展""绿色发展"等概念都给出了定义。

1.1.1 可持续发展和可持续农业

1.1.1.1 可持续发展

《我们共同的未来》中对可持续发展定义为既满足当代人的需求，又不对后代人满足其自身需求的能力构成危害的发展。我国对可持续发展定义为所谓可持续发展，就是既要考虑当前发展的需要，又要考虑未来发展的需要，不以牺牲后代人的利益为代价来满足当代人的利益。

1.1.1.2 可持续农业

联合国粮农组织将可持续农业的基本内涵概括为通过重视可更新资源的利用，更多地依靠生物措施来增加土壤肥力，减少石油产品的投入，在发展生产的同时保护资源改善环境并提高食物质量，实现农业的持续发展。可持续农业是在传统农业、工业化农业及以有机农业、生物农业和生态农业等为代表的替代农业模式的基础上，贯彻可持续发展的思想基础上形成的。可持续农业可以定义为综合运用现代科学和管理的理论和技术，充分发挥农业生态系统中"植物-土壤-其他生物"天然的协作关系，提高资源利用效率，减少外部资源投入，并长期维持较高的种群或群落生产力和产量的现代农业体系。

杜志雄等（2016）在《中国农业政策新目标的形成与实现》中对关于什么是农业的可持续性进行了明确和具体的界定，即施加于农业生产资料，也就是土地上的任何技术措施，包括化肥、农药、种子、机械等技术的使用，既不对农业生产资料（土地）和农产品本身（"农业之内"）产生负面作用，也不对农业生态环境系统（"农业之外"）产生破坏性影响，也就是说农业生产过程不产生负外部性，从而使农业作为一个整体，成为一个可以连续和可以重复的过程的状态。

1.1.2 绿色发展和农业绿色发展

1.1.2.1 绿色发展

绿色发展是指经济增长摆脱对资源使用、碳排放和环境破坏的过度依赖，通过创造新的绿色产品市场、绿色技术、绿色投资、改变消费和环保行为来促进增长。绿色发展实质上是追求经济增长与环境可持续性之间的平衡发展。主要有以下2种观点：一是认为绿色发展是通过绿色创新和不断投资自然资本的方式，全面构建经济、社会、生态三方面协调；二是认为绿色发展的基本内涵是平衡经济、社会和财富三方面下的绿色财富、绿色增长和绿色福利。

绿色发展是可持续发展的延伸，是以合理消费、低消耗、低排放、生态资本不断增加为主要特征，是经济系统、社会系统、自然系统三者间的相互协调。绿色低碳循环发展目前是我国经济转型过程中的重要方向。由此，建立符合国情的低碳循环体系至关重要。绿色低碳循环体系的优越性在于能够真正利用经济发展的内在力量来解决资源紧缺、生态环境和人类健康等问题，遵循了生态法则（吕指臣等，2021）。

1.1.2.2　农业绿色发展

农业绿色发展是以资源环境承载力为基准，以资源利用节约高效为基本特征，以生态保育为根本要求，以环境友好为内在属性，以绿色产品供给有力为重要目标的人与自然和谐共生的发展新模式。农业绿色发展的范畴涵盖农业布局的绿色化、农业资源利用的绿色化、农业生产手段的绿色化、农业产业链接的绿色化、农产品供给的绿色化、农产品消费的绿色化等"六化"共进。农业绿色发展应遵循因地制宜、分类施策，资源节约、环境友好，产业闭合、绿色主导，创新驱动、科技支撑四大原则（尹昌斌等，2021）。

农业绿色发展是在对我国当前农业生产现状进行深刻反思和对未来农业发展方向进行预判的基础上提出的新的发展模式（魏琦等，2018），是促进农业全面转型升级和高质量发展的国家战略。农业绿色发展其本质要求是切实转变农业发展方式，从过去依靠拼资源消耗、拼农资投入、拼生态环境的粗放经营，尽快转到注重提高质量和效益的集约经营上来，确保国家粮食安全、农产品质量安全、生态安全和农民持续增收。

（1）发展趋势。①农产品质量安全将成为农业绿色发展的基本目标。②水土资源保护将是农业绿色发展的重要内容。③一二三产业融合发展将成为农业绿色发展的重要方向。④多样化的模式将成为农业绿色发展的有效途径。⑤生态补偿政策将成为推动农业绿色发展政策体系的重要组成部分。

（2）主要特征。①倡导"以人为本"，以安全为标准，合理使用化肥、农药，生产卫生安全、数量充足、营养合理的绿色食物。②倡导农业全程一体化管理，对产前、产中、产后过程进行绿色化管理、控制。发展绿色农业可让生态环境得到改善，并且能协调农业与工业之间的关系，实现环境的良性循环。③注重建设资源节约型、环境友好型社会，农业生产期间合理使用化学物质，着力实现清洁生产，对废弃物进行有机化处理，从而实现资源循环利用，改善农村生态、生活、生产环境。

1.2 我国可持续农业发展阶段与相关政策

1.2.1 我国可持续农业发展阶段

1.2.1.1 1973—2003年：农业发展方向探索，解决农业发展方向问题

中华人民共和国成立后，在全国性的生态环境保护法律法规方面，1973年我国通过《关于保护和改善环境的若干规定》这一法律文件，并于1979年颁布了《中华人民共和国环境保护法（试行）》，提出积极发展高效、低毒、低残留农药。推广综合防治和生物防治，合理利用污水灌溉，防止土壤和作物的污染。1982年发布的《全国农村工作会议纪要》明确指出农业要走投资低、耗能低、效益高和有利于保护生态环境的道路。1984年，《中华人民共和国水污染防治法》明确规定了保护水资源的相关政策、责任范围以及违反本法的处罚措施等内容。1985年，国务院发布《关于发展生态农业，加强农业生态环境保护工作的意见》，明确提出发展生态农业是实现两个转变的重要措施之一。1989年颁布的《中华人民共和国环境保护法》明确规定加强农村环境保护、防治生态破坏、合理使用农药、化肥等农业生产投入品。到1990年和21世纪初，随着工业化和城市化进程的加速，自然资源破坏和生态环境问题日益严重，国家先后出台了《中华人民共和国大气污染防治法》《中华人民共和国农业法》《中华人民共和国土壤污染防治法》等一系列与发展生态农业、保护农田生态环境相关的法律法规。

1994年，《中国21世纪议程》审议通过，其中明确了我国可持续发展总体战略、政策、立法以及实施等内容。1994年，国务院批准了"关于加快发展生态农业的报告"，要求各地积极开展生态农业建设试点工作。1995年，国家环保局组织实施了农业生态、乡镇企业、生物多样性保护、生态恢复、污染控制、资源合理利用等方面的111个生态示范区。1996年，大力发展生态农业被纳入《国民经济和社会发展"九五"计划和2010年远景目标纲要》。1997年党的十五大报告

正式明确提出将可持续发展作为我国现代化建设中的一个重大战略决策，党的十八大将生态文明建设纳入"五位一体"的总体布局，更是为可持续发展指明了方向。

1.2.1.2　2004—2011年：解决农业生产方式问题，奠定农业绿色发展基础

在农业可持续发展相关的法律法规建设同时，我国也开展了相关激励机制建设，并启动了系列配套项目和计划。国家连续出台了农民直接补贴、大型农机具购置补贴、粮食最低收购价、流通储备、灾害救助、政府间转移支付等政策，完善了农业基础设施和产业体系，夯实了我国农业发展的基础。2005年全国人民代表大会及其常务委员会发布了《关于废止〈中华人民共和国农业税条例〉的决定》，宣布自2006年1月1日起我国全面取消农业税。这个阶段国家政策导向减税直补，工业反哺农业，解决农业生产方式问题。2008年政府发布《国家粮食安全中长期规划纲要（2008—2020年）》，成为我国粮食安全的最新战略性指导文件。2010年10月，发布《中共中央关于制定国民经济和社会发展第十二个五年规划的建议》，文件指出将农业现代化同步推进到工业化和城镇化进程中。2011年出台了《中国生物多样性保护战略与行动计划（2011—2030年）》，强调农业基因资源保护和农田生态环境保护的重要意义，制订了包括农业生物多样性保护在内的行动计划。2011年，出台全国地下水污染防治规划，部署2011—2020年地下水污染防治工作的总体目标和重点任务。这个阶段，我国采取试点推进等方式，环境保护部发挥主导作用，多部门协同趋势明显，使面源污染防治工作逐渐规范化、系统化，侧重在单个领域采取一些措施，尚缺乏具体有效的政策行动。

1.2.1.3　2012年至今：确立农业绿色发展政策体系，加快推进农业的生态转型

自2012年11月党的十八大正式提出"绿色发展理念"以来，党中央、国务院高度重视生态文明建设，积极推动农业绿色发展。2014年和2016年中央一号文件分别提出发展生态友好型农业和推动农业可持续发展。2015年农业农村部等8部门联合印发的《全国农业可持续发展规划（2015—2030年）》，分析了目前我国农业发展取得的成就和面临的严峻挑战，指出农业关乎国家食物安全、资源安全和生态安全，并把我国分成了农业优化发展区、适度发展区和保护发展区。提出要优化调整种养业结构，积极开展种养结合型循环农业试点，因地制宜推广节

水、节肥等节约型农业技术。2016年"农业绿色发展"作为专有名词首次出现在中央一号文件，自此，连续7个中央一号文件对农业绿色发展作了专门论述并提出具体要求。政策从农业绿色发展理念、原则、目标制定到具体规范设计，实施内容逐步深化。

2016年9月，农业部印发《农业综合开发区域生态循环农业项目指引（2017—2020年）》，生态循环农业发展正式上升至国家战略，提出：2017—2020年计划建设区域生态循环农业项目300个左右，积极推动资源节约型、环境友好型和生态保育型农业，提升农产品质量安全水平、标准化生产水平和农业可持续发展水平。2016年12月，农业部印发《农业资源与生态环境保护工程规划（2016—2020年）》提出恢复和增强农业生态功能、构建绿色农业发展机制、遏制资源过度开发等目标，并部署了八大重点任务、七大重点区域、十大重点工程。2017年中共中央办公厅、国务院办公厅发布《关于创新体制机制推进农业绿色发展的意见》，成为我国农业绿色发展的纲领性文件。2018年8月农业部、财政部印发《关于批准开展2018年绿色循环优质高效特色农业促进项目建设的通知》，启动绿色循环优质高效特色农业促进项目建设，批准河北省内丘县等32个县（市、区）实施绿色循环优质高效特色农业促进项目。

1.2.2　我国推动农业生态转型的重要文件

2016年，国务院印发了《关于健全生态保护补偿机制的意见》，并于2017年印发了《关于创新体制机制推进农业绿色发展的意见》，为我国农业生态转型和绿色发展指明了方向。随后国家相关部门和省市也纷纷出台了系列政策，2018年农业农村部关于印发《农业绿色发展技术导则（2018—2030年）》，2016年农业部等8部门联合印发《国家农业可持续发展试验示范区建设方案》，2019年农业农村部制定了《2019年农业农村绿色发展工作要点》。与上述政策配套，2016年启动了"农药化肥双减计划"和"农业废弃物综合利用"等重大行动计划，并出台了《探索实行耕地轮作休耕制度试点方案》，以通过发展生态农业，提高资源利用效率，保护生态环境。2020年中央一号文件提出要推进农业高质量发展，这是农业绿色发展内涵在新时期不断发展、不断创新的结果。关注农业产业的高质量发展，是绿色发展内涵未来继续拓展的方向。不同于绿色发展所关注的生产绿色化和生态绿色化，高质量发展不仅要求农产品质量好、农业经营效益高、农村生态环境美，还要求生产主体素质高、农产品国际竞争力强（表1.1）。

表1.1 2015年以来我国推动农业生态转型的重要文件

发文单位	文件题目	成文时间	内容提要
农业部	《关于打好农业面源污染防治攻坚战的实施意见》	2015-04-10	提出2020年达到农业用水总量控制，减少化肥农药使用量和畜禽粪便、作物秸秆、农膜基本实现循环利用的目标和手段。
中共中央、国务院	《关于加快推进生态文明建设的意见》	2015-04-25	提出坚持把绿色发展、循环发展、低碳发展作为基本途径。在农业方面提出加快转变农业发展方式，推进农业结构调整，大力发展农业循环经济，治理农业污染，提升农产品质量安全水平。发展有机农业、生态农业，以及特色经济林、林下经济、森林旅游等林产业。
农业部、国家发展改革委、科技部、财政部、国土资源部、环境保护部、水利部、国家林业局	《全国农业可持续发展规划（2015—2030）》	2015-05-20	提出加快发展资源节约型、环境友好型和生态保育型农业，切实转变农业发展方式，从依靠资源消耗、拼农资投入、拼生态环境的粗放经营，尽快转到注重提高质量和效益的集约经营上来，确保国家粮食安全、农产品质量安全、生态安全和农民持续增收。
国务院办公厅	《关于加快转变农业发展方式的意见》	2015-07-30	提出农业发展目标：产出高效、产品安全、资源节约、环境友好的现代农业发展道路。文件还列举了一系列关键性的生态农业措施。
中共中央、国务院	《生态文明体制改革总体方案》	2015-09-21	提出了从制度上推进生态文明建设的框架，包括建立用水总量控制制度、取消化石能源普遍性补贴制度、建立种养业废弃物资源化利用制度、农村环境治理体制机制等。
中共中央、国务院	《关于落实发展新理念加快农业现代化实现全面小康目标的若干意见》（2016年中央一号文件）	2015-12-31	在农业方面强调了创新、协调、绿色、开放、共享的发展理念，提出了藏粮于地、藏粮于技战略，提出加强资源保护和生态修复，推动农业绿色发展。

（续表）

发文单位	文件题目	成文时间	内容提要
国家发展改革委、农业部、林业局	《关于加快发展农业循环经济的指导意见》	2016-02-01	要求全面推动农业的资源利用节约化、生产过程清洁化、产业链接循环化、废弃物处理资源化，增强农业可持续发展能力，加快转变农业发展方式。
国务院	《土壤污染防治行动计划》	2016-05-28	提出到2020年，全国土壤污染加重趋势得到初步遏制，土壤环境质量总体保持稳定，农用地和建设用地土壤环境安全得到基本保障，土壤环境风险得到基本管控。并提出了一系列措施。
中共中央办公厅、国务院办公厅	《关于创新体制机制推进农业绿色发展的意见》	2017-09-30	把农业绿色发展摆在生态文明建设全局的突出位置，全面建立以绿色生态为导向的制度体系，基本形成与资源环境承载力相匹配、与生产生活生态相协调的农业发展格局。到2020年，化肥、农药利用率达到40%；秸秆综合利用率达到85%，养殖废弃物综合利用率达到75%，农膜回收率达到80%。到2030年，化肥、农药利用率进一步提升，农业废弃物全面实现资源化利用。
农业农村部	《农业绿色发展技术导则（2018—2030年）》	2018-07-02	加快支撑农业绿色发展的科技创新步伐，提高绿色农业投入品和技术等成果供给能力，按照"农业资源环境保护、要素投入精准环保、生产技术集约高效、产业模式生态循环、质量标准规范完备"的要求，到2030年，全面构建以绿色为导向的农业技术体系。
农业农村部、国家发展改革委、科技部、自然资源部、生态环境部、国家林草局	《"十四五"全国农业绿色发展规划》	2021-08-23	进一步制定了加快推进农业绿色发展的目标任务和细化措施。该规划以高质量发展为主题，以深化农业供给侧结构性改革为主线，以构建绿色低碳循环发展的农业产业体系为重点，对"十四五"时期农业绿色发展作出了系统安排。到2025年，力争实现农业资源利用水平明显提高，产地环境质量明显好转，农业生态系统明显改善，绿色产品供给明显增加，减排固碳能力明显增强。

　　《"十四五"全国农业绿色发展规划》是我国具有里程碑式意义的专项规划，为落实农业全面绿色转型制定了重点任务与细化措施。推进农业绿色发展的实施力度逐步增强，从实施化肥农药零增长行动过渡为实现使用量负增长再到持续推进化肥农药减量增效，从单一关注农产品生产延伸到全产业链绿色发展。此阶段，政策制定经历了由面及点的过程，先从整体上确立农业绿色发展的实施意见，再按照重点领域突破以及典型区域治理的思路展开工作，政策体系的衔接更加紧密，实施节奏也较为紧凑。2020年是政策实施效果的集中反馈年度，化肥、农药使用量已连续5年实现负增长，我国水稻、小麦、玉米三大粮食作物的化肥利用率为40.2%，农药利用率为40.6%。废弃物资源化利用率不断提升，秸秆综合利用率达到86%，畜禽粪污综合利用率达到75.9%，废旧农膜回收率达到80%。农产品绿色供给明显增加，全国累计有效使用绿色食品标志的产品总数为42 739个，近5年年均增长率为12.82%。

1.3　我国农业绿色发展和生态转型面临的问题与挑战

　　党的十八大以来，党中央、国务院高度重视绿色发展。习近平总书记多次强调"绿水青山就是金山银山"。各级农业部门深入学习贯彻习近平总书记系列重要讲话精神和治国理政新理念新思想新战略，落实中央决策部署，牢固树立新发展理念，以农业供给侧结构性改革为主线，以绿色发展为导向，以体制改革和机制创新为动力，走出一条产出高效、产品安全、资源节约、环境友好的农业现代化道路。

1.3.1　我国农业绿色发展面临的问题

1.3.1.1　土壤退化、环境恶化

　　经过30多年的不懈努力，我国粮食产量大幅提高，人民生活日益得到改善。我国现有耕地资源总量仅为1.35亿hm²，土壤资源严重不足，而且由于长期不合理的利用，土壤退化严重。据统计，我国因土壤侵蚀、肥力贫瘠、盐渍

化、沼泽化、污染及酸化等造成的土壤退化总面积约为4.60亿hm^2，占全国土地总面积的40%，是全球土壤退化总面积的1/4。2014年《全国土壤污染状况调查公报》结果显示，我国土壤污染总超标率达到16.1%，以轻微程度的为主，约占11.2%。以无机污染为主，约占总污染的80%以上，有机污染次之，复合污染较少。土壤污染对食品安全和人类健康造成很大威胁。

1.3.1.2 土壤质量低，养分资源利用率低

当前我国有限耕地的土壤健康状况仍不容乐观。除污染带来的健康问题外，首先，耕地地力总体水平不高，耕地土壤有机质含量低，土壤结构性问题比较明显。2015年全国优等耕地面积为397.38万hm^2，仅占全国耕地评定总面积的2.9%。其次，近年来我国土壤耕层"浅、实、少"的问题严重。据统计，全国65.5%的监测点土壤耕层厚度平均值小于20 cm，低于美国耕层厚度35 cm；据2016年全国耕地质量监测报告指出，全国25.9%的监测点土壤容重大于1.35 g/cm^3，高于作物适合生长的范围1.10～1.35 g/cm^3。土壤有效耕层变浅和板结，影响作物根系下扎的深度，导致根系无法利用深层土壤的水分和养分，作物生长受抑制。再者，我国土壤养分对当季作物贡献的份额较少，平均份额在50%，有的甚至只有30%～40%，低于可持续农田生态系统（>70%）。

我国养分资源利用率也较低，三大粮食作物氮肥、磷肥和钾肥当季平均利用率分别为33%、24%和42%。最后，现代农业复种指数比较高、作物种植种类单一以及大肥大水大药等，导致土壤生物多样性低，土传病害频发，严重影响土壤健康和作物健康。总之，传统高度集约化农业管理方式导致土壤酸化、有机质下降、土壤生物多样性降低、土传病害频发和环境污染，严重影响土壤生态系统功能的发挥。由于土壤污染和退化具有隐蔽性、长期性和复杂性的特点，导致土壤污染或退化之后极难恢复，因此，防治土壤污染和退化，培育健康土壤，是农业绿色发展面临的重大挑战。

1.3.1.3 农业生物多样性下降

农业生物多样性遭受重大破坏，农业动植物（品种）同质化趋向日益加剧、农业生境萎缩并不断向结构单一化、简单化、破碎化或愈益人工化方向发展，农业种质多样性、遗传多样性和基因多样性正面临前所未有的挑战、威胁或

安全危机，并进一步对农业可持续发展乃至经济社会可持续发展构成严重威胁和制约。农业生产的集约化是许多农田鸟类、杂草、传粉昆虫、地表节肢动物等物种丰富度和多度下降的主要原因。大规模单一种植模式减少了农田生物多样性，削弱了农业生态系统的稳定性，同时还使得生物群落之间的相生相克功能不能得到应有的发挥，提高了病虫害的发生率，因此农药的施用量必然增加。此外，缺少轮作套种的单一种植还加剧了土壤肥力的下降，以致只能靠加大化学肥料施用量来维持产量。大量化学品的投入和不合理管理导致土壤生物多样性下降，微生物区系失衡，土壤食物网趋于简单化，病虫害增加，作物严重减产，作物品质下降和环境质量恶化，甚至危害人体健康。

我国遗传资源丧失未得到有效遏制，根据第二次全国畜禽遗传资源调查的结果，全国有15个地方畜禽品种资源未被发现，超过一半的地方品种数量呈下降趋势，濒危和濒临灭绝品种约占地方畜禽品种总数的18%。第三次全国农作物种质资源普查阶段性成果表明，我国种质资源保护形势不容乐观，部分地方品种和主要农作物野生近缘种等特有种质资源的丧失速度明显加快。地方社区参与度不高也会导致传统知识和遗传资源丧失。

1.3.1.4　生态补偿相关政策及其实施存在的问题

近年来我国政府一直积极推广治理耕地面源污染的政策和技术措施，然而由于耕地面源污染治理的公共物品属性，仅依靠农户自主治理会导致激励不足、治理效率低等问题。造成这一问题的主要原因在于，少施化肥农药和进行农业废弃物回收等清洁生产模式不仅会造成农业减产减收，还会额外耗费农户的成本和劳动治理的经济成本、机会成本和发展成本较高，因而农户缺乏参与耕地面源污染治理的主动力。当前，作为一种经济激励手段，生态补偿已成为学界和各国政府进行生态环境保护的共同经验，其本质是通过利益再分配的方式弥补生态保护者的经济损失、实现利益相关者之间的福利均衡。

2016年3月召开的中央改革领导小组第二十二次会议明确强调了"探索建立多元化生态保护补偿机制""逐步实现森林、草原、湿地、荒漠、海洋、水流、耕地等重点领域和禁止开发区域、重点生态功能区等重要区域生态保护补偿全覆盖"。2016年5月，国务院办公厅出台的《关于健全生态保护补偿机制的意见》

中强调，要牢固树立创新、协调、绿色、开放、共享的发展理念，不断完善转移支付制度，探索建立多元化生态保护补偿机制，逐步扩大补偿范围，合理提高补偿标准，有效调动全社会参与生态环境保护的积极性，促进生态文明建设迈上新台阶。2016年财政部、农业部联合印发了《建立以绿色生态为导向的农业补贴制度改革方案》，方案指出，建立以绿色生态为导向的农业补贴制度要结合农业供给侧结构性改革，全面推开农资综合补贴、种粮农民直接补贴和农作物良种补贴等农业"三项补贴"改革，鼓励各地创新补贴方式方法，切实加强农业生态资源保护，自觉提升耕地地力。

2018年12月28日，国家发展改革委、财政部、自然资源部、生态环境部、水利部、农业农村部等9部门联合印发的《建立市场化、多元化生态保护补偿机制行动计划》中明确提到"2020年初步建立市场化、多元化生态保护补偿机制，初步形成受益者付费、保护者得到合理补偿的政策环境"。明确了以补偿机制为手段加快农用化学品减量步伐的思路（表1.2）。

表1.2　我国目前实施的主要鼓励补贴措施

领域	主要鼓励补贴措施
农业	耕地地力保护补贴、农机购置补贴、农业合作社支持专项补贴、生产者补贴（玉米、大豆、稻谷）、目标价格补贴（棉花）、耕地轮作休耕制度试点补助、粮改饲补助、农业生产救灾补助、动物疫病防控补助、农机深翻（深耕）作业补助、农业保险保费补贴、产粮（油）大县奖励、生猪（牛羊）调出大县奖励、现代农业产业园建设奖励等。
林业	森林生态效益补偿、林业补贴（林木良种培育、造林和森林抚育补贴、湿地、林业国家级自然保护区和沙化土地封禁保护区建设与保护补贴，林业防灾减灾补贴，林业科技推广示范补贴，林业贷款贴息补贴）、退耕还林政策、天然林资源保护政策、速生丰产用材林基地建设扶持政策、造纸工业原料林基地建设扶持政策等。
牧业	草原生态保护补助奖励（禁牧补助、草畜平衡奖励、绩效评价奖励等）、牧区畜牧良种推广补助、肉牛肉羊养殖大县奖励、动物疫病防控补助、高产优质苜蓿示范基地建设、南方现代草地畜牧业发展支持政策、标准化规模养殖扶持政策等。
渔业	渔业捕捞和养殖业油价补贴、减船补助、长江流域重点水域禁捕补偿、休禁渔补贴、增殖放流补助、海洋渔船更新改造补助、渔业互助保险保费补贴、池塘标准化改造补助等。

目前我国生态补偿的政策规划大部分是原则性、指导性的建议，尚未形成完善的生态补偿体系。表1.3列出了我国生态补偿的方式和优缺点。当前生态补偿机制尚不能有效调节生态保护利益相关者的成本效益关系，不仅生态保护者的经济损失得不到有效补偿，而且生态破坏行为和生态服务功能持续退化的问题也得不到有效遏制。

表1.3　生态补偿方式、优缺点

补偿方式	具体形式	优点	缺点
资金补偿	补偿金转移支付、减免税收、贴息等	最常用、最直接	可持续性差，存在依赖性
实物补偿	粮食、种子、生物农药、房屋等实物	目的性、实用性强	实用性不强
价格补偿	调整农产品价格	激励性强	监督成本高
项目补偿	政策引导、项目支持	稳定性强、推广能力强、覆盖面广	灵活性差
技术补偿	技术指导及咨询服务等	可持续及执行性较强	见效周期长

我国生态补偿实施困境主要集中在以下4个方面：①缺乏系统的生态补偿制度，由于国家生态补偿机制尚处于形成之中，短时间难以形成国家统一的生态补偿制度；②公众参与不足，当前生态补偿政策的出台多以政府单方决策为主，缺乏利益相关者参与协商的机制和平台，致使生态补偿的运行发生公众参与不足以及补偿效率不高等问题；③补偿标准低，当前大多数补偿标准的制定依据政府财政能力，没有充分考虑生态保护行为给保护者带来的直接经济损失；④缺乏相应评估与监督机制。目前的生态补偿政策缺乏相应的生态保护效果评估机制与保护行为的监督机制，也没有相应的奖惩措施，以至于出现生态补偿效率低以及生态补偿政策效果不明显等问题。

1.3.1.5　农业生物多样性保护未与国际国内发展战略相衔接

生物多样性主流化在国际上已被认为是最有效的生物多样性保护与可持续利用措施之一。目前我国在农业生物多样性保护方面，仍然停留在通过项目、工程等方式进行的各项保护活动层面。中央各部门以及各级政府在强化土壤污染管控和修复、加强农业面源污染防治、开展农村人居环境整治行动、实施重要生态系统保护和修复重大工程、优化生态安全屏障体系、构建生态廊道和生物多样性保护网络、严格保护耕地、扩大轮作休耕试点、健全耕地草原森林河流湖泊休养生息制度、建立多元化生态补偿机制等方面，实施了一系列与农业生物多样性保护相关工作。然而，上述工作尚未形成相应的体系、机制或制度，也未能按照《生物多样性公约》和《中国生物多样性保护战略与行动计划》（2011—2030年）制定的重大战略目标进行规范化、系统化地保护，未与国际国内发展战略相衔接（郑晓明等，2021）。

2018年农业部更名为农业农村部后，突破了农业生物多样性以农业生态系统为主的局限，能够将农业生物多样性提升到以乡村为主体的农业景观层面，更加系统地开展保护的同时，注重发挥生态系统服务功能和实现其在基层政府和农民中的主流化，但这些工作才刚刚起步，与国际国内发展战略的需求还相距甚远。

1.3.2　我国农业绿色转型面临的挑战

自工业革命以来，集约化农业生产方式长期、大面积、单一化种植，农药、化肥等高强度投入，导致农田生物多样性急剧降低、生态平衡失调、土壤质量下降、病虫草害频发且逐年加重，已成为制约农业绿色高质量可持续发展的主要限制因素，如何支撑农业绿色发展和现代农业生态转型，实现农业可持续、高质量发展是集约化农业亟待解决的问题。我国农业生态转型、绿色发展仍处于起步阶段，还面临不少困难和挑战。

1.3.2.1　农业资源趋紧

耕地、淡水等资源是农业发展的基础。我国人多地少水缺，人均耕地面积和淡水资源分别仅为世界平均水平的1/3和1/4。从耕地资源来看，由于常规发展模式不注重用生态方式培肥土壤，导致耕地肥力退化严重，普遍存在有机质含量减少、团粒结构退化，以致耕作层变薄、板结，加上水土流失和沙化，耕地质量大幅度下降。随着工业化、城镇化加快推进，耕地数量减少、质量下降，水资源总量不足且分配不均。城镇化、工业化加速使物种栖息地受到威胁，生态系统承受的压力增大。生物资源过度利用和无序开发对生物多样性的影响加剧。

1.3.2.2　农业面源污染问题依然突出，生态优先发展认知还显不足

我国农业资源投入量大，资源环境代价非常高。我国化肥和农药投入量位居世界第一，保障了我国粮食安全生产，近几年粮食总产稳定超过6亿t。然而，高度集约化农业的特点是化学品投入高，资源利用效率低。在农药化肥投入量居高不下的前提下，并未呈正比实现相应的高产出。我国是世界上最大的氮肥生产和使用国，在占世界9%的耕地养活了全球近20%人口的同时，也消耗了全球30%以上的化学氮肥。据统计，我国每公顷农田平均施用化肥量高达400 kg，远远超出发达国家225 kg/hm²的安全上限。我国目前对农业生产生态优先、绿色发展的重要性认识不足，发展农业生产与保护生态环境对立的问题仍然存在，农业生产仍未从单纯追求产量真正转向系统多功能协调、产量稳定、环境可持续、数量质量并重上来。

1.3.2.3　农业生产方式仍然较粗放

农业主要依靠资源消耗的粗放经营方式仍未根本改变，耕地用养结合还不充分，土壤退化、污染问题、水土流失和生物多样性锐减等生态系统结构失衡和功能退化问题依然严峻。急需加快农业发展方式生态转型，提升农业生态系统多样性、稳定性、持续性。我国养分资源利用率也较低，三大粮食作物氮肥、磷肥和钾肥当季平均利用率分别为33%、24%和42%。最后，现代农业复种指数比较高、作物种植种类单一以及大肥大水大药等，导致土壤生物多样性低，土传病害频发，严重影响土壤健康和作物健康。总之，传统高度集约化农业管理方式导致土壤酸化、有机质下降、土壤生物多样性降低、土传病害频发和环境污染，严重影响土壤生态系统功能的发挥。

1.3.2.4　农业绿色生产技术研究还有短板

新时代推动农业绿色生态转型，实现农业农村现代化，必须加快科技创新，强化科技供给，构建农业绿色发展技术体系。近年来，我国农业科技进步有力支撑了农业农村产业发展，但与加快推进农业绿色发展和生态转型的新要求相比，仍然存在很多问题。基础性长期性科技工作积累不足，我国在生物资源、水土质量、农业生态功能等方面还缺乏系统的观测和监测，重要资源底数不清。绿色投入品供给不足，节本增效、质量安全、绿色环保等方面的新技术还缺乏储

备，先进智能机械装备和部分重要畜禽品种长期依赖进口，循环发展所需集成技术和模式供给不足。

1.3.2.5 生态优质农产品供给还不足

我国农产品生产成本高，品质有待提升。我国农产品生产的特点是数量多，但品质差，不能满足人民对美好生活的需求，因此，市场价值低，出口率低，产业发展困难重重。例如，作为苹果的第一生产大国，我国苹果生产量占全球的近50%，但出口额不足12%。由此可见，我国农产品质量的提升空间非常大，加强农产品供给侧结构性改革，优化提升全产业链，尤其是土壤健康培育和作物栽培生产环节的管理，还可以大幅降低农产品生产成本，切实提高健康、高质量食品的供给能力。随着经济发展，人们对美好生活的需要日益广泛，不仅对食物产品提出更高要求，而且对清洁水源、清新空气、美丽山川、清洁田园等生态产品的需求也日益增长；对食物的要求由数量转向质量，对农产品质量、品质和安全性提出了更高要求。但农产品多而不优，品牌杂而不亮，绿色标准体系还不健全，全产业链生态转型任务繁重，还不适应消费结构升级的需要。

1.3.2.6 农业生态转型、绿色发展激励约束机制尚未健全

农业生态转型的生态补偿机制尚未建立，绿色生态的经济政策激励机制还不完善，财政投入的使用频率最高，生态补偿、价格机制和金融支持等政策手段应用较少。与农业生态转型相适应的法律法规和监督考核机制还不健全，生态产品价值实现机制尚未形成。我国与欧盟、韩、日、北美等国家和地区相比，在促进农业生态转型的物权制度、行为规范、奖罚体系、技术标准等方面还存在不少缺陷和缺失，需要上下协同，不懈努力来改善。

1.4 我国农业生态转型可行性与基础条件

随着"绿水青山就是金山银山"等系列绿色发展理念在我国农业中的实践不断深入，贯彻落实党中央、国务院决策部署，以深化农业供给侧结构性改革为主线，以构建绿色低碳循环发展的农业产业体系为重点，强化科技集成创新，推

进农业资源利用集约化、投入品减量化、废弃物资源化、产业模式生态化，加快构建人与自然和谐共生的农业发展新格局，推动农业绿色发展不断取得新进展。

1.4.1　综合国力发展为农业生态转型提供了坚实基础

党的二十大报告指出我国国内生产总值已经从2012年的54万亿元增长到2021年的114万亿元，我国经济总量占世界经济的比重达18.5%，稳居世界第二位。人均国内生产总值从39 800元增加到81 000元，谷物总产量稳居世界首位，14亿多人的粮食安全得到有效保障。人均国内生产总值1万～3万美元的农业生态转型"库兹涅茨曲线"拐点已经来临。"十二五"以来，我国大力倡导绿色经济、发展支持绿色产业，并且逐步加大了环境污染治理投资力度。2012—2020年全国农业绿色发展指数从73.46提升至76.91，在资源节约与保育、生态环境安全、绿色产品供给、生活富裕美好等方面得到不同程度改善，为生态文明建设提供了基础支撑。

1.4.2　消费结构升级，生态农产品市场前景广阔

从消费端来看，国内经济进入新常态，农产品消费、加工需求增长可能有所减弱，农产品需求在数量上的压力有所减轻；居民消费结构加快升级，未来优质安全农产品和生态产品需求潜力巨大，为农业生态转型发展带来了市场广阔前景。绿色供给能力稳步提升。促进绿色农产品有效供给是农业绿色发展的重要方面。2018年，全国共建设绿色生产示范基地100个，绿色食品产地环境监测面积达到1 046.67万hm^2，同比增长3.29%。全国"三品一标"获证单位总数达到58 422家，产品总数121 743个。为切实加强高标准农田建设，提升国家粮食安全保障能力，国务院办公厅2019年11月21日发布《关于切实加强高标准农田建设提升国家粮食安全保障能力的意见》。此意见规定了完善农田基础设施，提升耕地质量，持续改善农业生产条件的基本原则和目标任务。

1.4.3　农业生态转型技术体系初步建立

科技创新是引领发展的第一动力，现代生物技术、信息技术、新材料和先

进装备等日新月异、广泛应用，生态农业、循环农业等技术模式不断集成创新，果菜茶有机肥替代化肥、测土配方施肥、病虫害统防统治、稻渔综合种养等技术和模式的应用，水体净化、土壤修复、生态修复、水土流失治理等现代环境技术，以及农业化学品替代、清洁生产、合理轮作、物种外引等现代农业新技术、新方法应用，农产品质量安全水平大幅提高，效益不断增加。以绿色生态为导向的农业补贴制度不断完善，绿色发展科技创新集成逐步深入，先行先试综合试验平台初步搭建，农业生态转型正在从试验试点转向面上推进。

1.4.4　政策支持与保障

党中央、国务院高度重视生态文明建设和农业绿色发展，着力创新推进农业绿色发展和生态转型的体制机制，并作出一系列重大决策部署。2012年党的十八大报告中首先出现"生态文明建设"，报告对生态文明建设的重大成就、重要地位、重要目标进行了详细描述。中央将生态文明建设纳入"五位一体"总体布局进行统筹考虑，生态环境保护工作成为生态文明建设的主阵地，环境战略政策改革进入加速期。2015年党的十八届五中全会鲜明提出了创新、协调、绿色、开放、共享的发展理念。

2018年农业农村部颁布的《农业绿色发展技术导则（2018—2030年）》和国务院办公厅发布的《关于切实加强高标准农田建设提升国家粮食安全保障能力的意见》等文件提出研究推广农田景观生态工程技术，田园景观及生态资源优化配置技术；山水林田湖草共同体开发与保护技术模式，农田景观生态保护与生态系统服务提升技术及模式。2021年《"十四五"全国农业绿色发展规划》和《建设国家农业绿色发展先行区　促进农业现代化示范区全面绿色转型实施方案》就农业资源保护利用、农业面源污染防治、农业生态保护修复等方面工作作出重要部署。2021年，国务院提出助力2030年前碳达峰、2060年前碳中和，建立健全绿色低碳循环发展的经济体系，全方位、全过程健全生产体系、流通体系和消费体系。这一系列重大政策措施的出台，为加快农业全面绿色转型创造了良好的制度环境，强有力地支撑了农业生态系统的绿色转型。

第2章　发达国家和地区农业绿色发展的实践与启示

农业绿色发展是全球绿色发展的重要基础，关系到全球粮食安全、资源安全和生态安全，事关当代人福祉与后代的可持续发展。而由农业活动引发的气候变化、土壤和水体污染、生物多样性降低等生态安全事件显示，农业向绿色生态方向转型发展已成为必然趋势（孔令博等，2022）。本章介绍了欧盟、美国、荷兰、瑞士等发达国家的绿色发展的相关政策和实践，并提出了对我国农业绿色发展的启示。

2.1　欧盟农业绿色发展相关政策和实践

2.1.1　欧盟欧共体时期绿色发展相关政策和实践

欧洲的农业用地占到欧洲国土面积的75%以上，农业生产极为发达，但是长期的集约化耕种，过度施用农药化肥，使得土壤品质下降。在草原地区，牲畜密度增加，过度放牧改变了草原的生态环境，使很多草场有沙漠化的趋势。这些均给水土、气候造成了很大的压力，导致生物多样性的退化与丧失。欧盟为遏制目前农业生物多样性减少的现状，采取了许多积极的措施：一方面，对那些有着特殊自然价值的草场、荒地提供特别的保护；另一方面，积极制定各项法律与法规，提供更宽泛的农业生物多样性保护计划。在欧共体时期，制定了《欧盟野鸟保护法令》及动物栖息地法令。欧盟时期，重申了欧共体时期的保护方针与措施，还制定了水框架法令及植物品质保护计划等法律。

《欧盟共同农业政策》（*Common Agriculture Policy*，CAP）是在欧共体共同农业政策的基础上形成的。从1980年起提出一些具有针对性的农业环境政策，在1992年、2000年、2003年对共同农业政策进行了改革，尤其是强调环境保护政策，在支持欧洲农业生物多样性目标中发挥了关键性的作用。2008年共同农业政策改革中明确指出：直接或间接促进生物多样性的环境友好型农业耕作做法和制度是重要的，良好的生态基础设施的维护，生物多样性资源的遗传促进及保护好生物多样性发展的栖息地是有重要意义的。2013年CAP改革（实施期间为2014—2020年）的一项重要内容是将农业环境政策调整为针对气候与环境有益做法的绿色化支付，包括基础支付制度和维护永久草地，作物多样化（10 ~ 30 hm^{2}耕地至少2种作物，30 hm^{2}以上至少3种作物等），环境用地（耕作地超过15 hm^{2}时，至少要设置5%的维持生态和景观用地，如耕地周边的空地、植物围栏等）。

现在CAP的农业政策有2个重点，一是直接支付政策，预算由欧盟负担，占CAP整体预算的77%；二是农村振兴政策，预算由欧盟及各加盟国共同负担，占23%，主要包括农业环境政策和食品安全政策。欧盟农业政策的自然保护措施主要包括2方面：一是将5%的农业用地转变为生态重点区，要求在农业用地上直接采取包括种植固氮作物，打造景观带等保护性措施；二是保护欧盟地区生物多样性最丰富的生境类型——永久性草场，使2020年前永久性草场的面积丧失率不高于5%，防止低投入、管理粗放、物种丰富度高的草场转变为高投入、物种单一的草地。一些具体措施对环境产生的效应如表2.1所示。

表2.1　环境支付示例及效果

实施事项	具有正效应			气候变化
	土壤	水	生物多样性	
作物种植多样化	○	○		○
草地的粗放利用/放牧	○	○		○
减耕及免耕		○		○
保护湿地			○	
减少化肥，农药			○	
冬季覆盖	○		○	
设置缓冲地带	○		○	
农地向草地的转换		○	○	

2.1.2　欧盟委员会时期绿色发展相关政策和实践

　　欧盟委员会于1999年通过了《2000年议程》，加大了对农业生产环境的保护，既促进了农村活力发展，又保证了粮食安全的平衡互动；同时对生态环境脆弱的地区提供补贴，对植树造林进行补贴，将农业环境保护纳入到共同政策之中。2003年继续实行农业共同政策改革，完善了食品安全、动物健康标准等各项补贴政策，但这些补贴政策需与环境保护相挂钩。欧盟是较早启动农业生态补偿的地区，德国自20世纪90年代开始实施了一系列农业生态补偿政策，德国的农业生态补偿主要针对有机农业、有机草场和放弃使用除草剂3项内容，主要采用政府补偿为主、市场参与辅助的方式。现今这一制度已成为德国生态环境管理和保护的主要工具之一。德国对有利环境的农业生产实行生态补偿标准见表2.2。

　　2019年12月，欧盟委员会发布《欧洲绿色协议》（以下简称《协议》），该《协议》几乎涵盖了所有经济领域，是一份全面的欧盟绿色发展战略，描绘了欧洲绿色发展战略的总体框架，并提出了落实该协议的关键政策和措施的初步路线图。《协议》的核心内容是促进欧盟经济向可持续发展转型，具体包括2个方面，一是设计一套深度转型政策，二是将可持续性纳入所有欧盟政策。将可持续性纳入所有欧盟政策中：提出要追求绿色投（融）资，并确保公正合理的转型；提出制定国家环保预算，释放真实的定价信号。充分运用绿色预算工具将公共投资、消费和税收直接导向绿色优先项目。欧盟绿色新政提出，提升绿色项目在公共投资中的优先序，取消空运、海运部门税收豁免，取消化石燃料补贴，增加环境保护和应对气候变化增值税等的优惠力度。

　　2020年新冠肺炎疫情暴发之后，欧盟为应对粮食安全和粮食供给的长期不确定性，形成了维护粮食安全的新思路，将粮食体系的韧性作为农业与粮食政策的核心聚焦点，将生物多样性视为农业与粮食体系长期稳定的基础，合作治理成为农业与粮食体系治理的创新机制。为此，近期欧盟出台了"从农场到餐桌战略"和"2030生物多样性战略"（余福海等，2020），并致力于执行新的共同农业政策，以期通过公共部门的有效引导和利益相关者的集体合作，实现欧盟农业与粮食体系的可持续转型和长期安全。

表2.2 德国萨克森自由州对生态农业的补偿政策

补偿内容	补偿额（DM/hm²）	所需条件
综合农业（基本补偿）	80	病虫害防治根据预测模型、N肥施用按照萨克森自由州农业咨询项目的规定。
无环境污染措施补偿（基本援助外的额外补偿）	120～240	在履行1年的规定的基础上，N肥用量至少减少20%。不用生长刺激素，不用农药。
改善土壤的措施补偿（基本援助外的额外补偿）	80～130	在履行1年规定的基础上采用间作以避免冬季的农田裸露，播种时采用地表覆盖等其他措施。
控制性的综合农业（蔬菜种植）	500	按照德国联邦政府对综合农业蔬菜种植的各项规定。
控制性的综合农业（果树种植）	900	按照德国联邦政府对综合农业果树种植的各项规定。
控制性的综合农业（酿葡萄酒用葡萄种植）	900	按照德国联邦政府对综合农业葡萄酒用葡萄种植的各项规定。
生态农业（一般农田）	450～550	加入国家认可的生态农业协会，并履行协会的各项规定。
生态农业（蔬菜种植）	700～800	加入国家认可的生态农业协会，并履行生态农业协会关于蔬菜种植的各项规定。
生态农业（果树及葡萄种植）	1 300～1 500	加入国家认可的生态农业协会，并履行生态农业协会关于果树及葡萄种植的各项规定。

2.1.2.1 实施"从农场到餐桌战略"，增强农业可持续性

"从农场到餐桌战略"旨在建立更加公平、健康、可持续的粮食体系，增强其应对气候变化、自然灾害和传染性疾病的韧性和可持续性。该战略长期目标是确保欧洲人民获得健康、可负担的可持续食品、抵御气候变化、保护环境和维持生物多样性、在食物链中获得合理的经济回报、促进有机农业发展。该战略还设定了欧盟食品体系变革的阶段性目标。例如，到2030年，将化学农药的使用和风险降低50%；到2030年，将更多有害农药的使用减少50%，逐步采取行动减少至少50%的土壤养分流失，同时确保土壤肥力不变；到2030年，将肥料用量减少至少20%；到2030年，将用于养殖动物和水产养殖的抗菌剂的销售量减少50%，发展有机耕作等环境友好型农业；到2030年，实现有机耕作区达到欧盟耕地总面

积的25%。这些具体目标彰显了欧盟致力于增强农业可持续性、提升粮食营养和安全性的宏大愿景。

2.1.2.2　实施"2030生物多样性战略"，重建农业生态系统

"2030生物多样性战略"与"从农场到餐桌战略"相辅相成。"2030生物多样性战略"的战略目标是使欧盟范围内的生态系统得到恢复和严格保护，引领全球生物多样性议程。其具体目标包括构建彼此衔接贯通的保护区网络，实施规模庞大的欧盟自然恢复计划，并积极推进全球生物多样性。其中欧盟自然恢复计划是核心目标，欧盟计划通过健全欧盟自然恢复的法律框架，恢复农业生物多样性，增加森林数量并改善其健康和韧性，实现可再生能源与自然生态系统的双赢，恢复海洋生态系统和淡水生态系统，绿化城市空间，减少空气、水和土壤污染，应对外来物种入侵等措施在欧盟范围内重构良好的陆地和海洋生态系统。这些具体目标本质上有助于促进欧盟粮食与农业体系的长期稳定与可持续发展。

2.1.2.3　实施新的共同农业政策，厚植农业发展的社会资本

2021年6月25日，欧洲议会、欧洲理事会与欧盟委员会针对未来的《2023—2027年共同农业政策》达成临时协议。目前，这项临时协议尚在等待欧洲议会和欧洲理事会的正式批准。新的共同农业政策将在2023年启动，旨在培育一个可持续和有竞争力的农业部门，并且被寄望于成为实现"从农村到餐桌战略"以及"生物多样性战略"等政策的关键工具（张鹏等，2022）。未来共同农业政策的核心目标将设定为确保农民获得公允收入，提升欧盟农业生产的全球竞争力，重新平衡食物供应链中不同参与者的地位，并有效应对气候变化，加强环境和生物多样性保护。其中"农民获得公允收入"被视为首要的核心目标，体现出欧盟从经济维度保护农业生产者的务实理念。新的共同农业政策，还将进一步提高对农民与农村的支持。

目前，欧盟已基本形成了框架性的后疫情时代粮食安全战略体系（图2.1）。这一战略体系同样由近期战略和远景战略组成，近期战略即"从农场到餐桌战略"，着眼于增强农业可持续性；远景战略即"2030生物多样性战略"，致力于重建农业生态系统，二者具有彼此互促的密切关系。其变革策略仍是立足于合作治理理念，改进并实施新的共同农业政策，通过尊重不同参与者的治理主

体地位、构建多方协作机制等方式厚植社会资本，以期战略体系整体得以渐进式实现。其基本特征是谋划长远与兼顾当前相结合，综合治理与专项治理相结合，并在制度上明确了不同参与者的治理主体地位和合作治理机制。

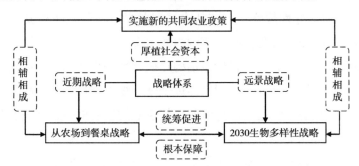

图2.1　后疫情时代欧盟粮食安全战略体系核心框架（余福海等，2020）

2.2　美国农业绿色发展相关政策和实践

2.2.1　美国农业绿色发展相关政策

　　美国农业绿色发展大致可以分为3个阶段，表2.3列出了这3个阶段的主要特征。自20世纪90年代以来，是美国农业绿色发展的第三阶段，是农业绿色发展的成熟及突破阶段（杜志雄等，2021）。这一时期，美国针对农业绿色发展制定了一系列的政策。1997—2002年美国农业部任务报告中明确提出保护农业绿色发展，促进对自然资源的明智管理。1991年在原来《有机食品生产法》的基础上，制定了《有机食品证书管理法》。1996年，美国政府修改《农业法案》，增加了资源保护等方面的管理办法。1999年，为确保规模化养殖场畜禽废弃物与种植业农场所需肥料的平衡，减少畜禽废物对环境造成的负面影响，美国国家环境保护局和农业部共同发布了畜禽养殖场治理的统一国家战略，形成了以综合养分管理计划为核心的政策体系。2002年，美国出台《2002年农场安全与农村投资法案》，通过实施生态保护补贴计划对农业绿色发展进行支持。2008年，美国政府颁布《2008年食物、自然保护与能源法案》，增强对有机农业的补贴。2011年11月，美国总统奥巴马签署《FDA食品安全现代化法案》（FSMA）。

表2.3　代表性国家的农业绿色发展阶段及特征（杜志雄等，2021）

国家	发展阶段与主要特征		
美国	20世纪前期至20世纪60年代：农业绿色发展启蒙阶段；在对化肥和农药大量使用导致的农业及周边环境的双重危机下，开始思考农业绿色发展。	20世纪60年代至90年代：农业绿色发展成为主流；制定系列法律措施，绿色技术水平大幅提升，生产结构优化，环境污染缓解，绿色技术开始向农户推广。	20世纪90年代以来：农业绿色发展成熟及突破；范围内容逐步扩大，以农村发展和农业可持续发展为重点，制定系列支撑政策和方案。
日本	20世纪70年代前：农业绿色发展基础恢复巩固；确保土地家庭经营，为土地集中经营和基础设施建设奠定基础，降低农业对环境的破坏。	20世纪70年代至90年代：绿色农业技术提升；大力支持农业绿色技术投入，完善推广制度，以多元路径推进农业绿色发展。	20世纪90年代以来：农业与绿色发展和谐共进；更重视农业多功能性的发挥，推进"农业观光"模式，提升技术，培训农民。
荷兰	20世纪80年代：严格控制畜禽养殖量。	20世纪90年代：严格控制肥料、农药施用。	2000年以来：全面管理农业资源，重视农业的生态功能。

2.2.2　美国农业绿色发展实践

化肥使用与管理作为农业面源污染研究的基本内容之一，不是孤立存在的，往往与其他农业政策结合在一起，共同作用于改善农业环境、促进农业持续发展。美国主要依托最佳管理实践（best management practices，BMPs）实现化肥减量的政策目的。BMPs注重源的管理而不是污染物的处理，实质上是指在获得最大的粮食、纤维生产的同时，能科学地使农业生产的负影响达到最小的生产系统和管理策略的总称。工程措施主要是增加湿地、植被缓冲区和水陆交错带等，从而降低污水的地表径流速度，以拦截、降解和沉降污染物。管理措施分为养分管理、耕作管理和景观管理3个层次，这3个层次虽然在空间尺度上不同，但在效果上互相配合，都围绕一个中心原则，即最大的保证物质循环的效率，减少元素的输出损失，从而在满足植物生长需求的同时降低对环境的影响。其中，养分管理是通过对项目本身设置控制性的技术标准以进行源头控制，包括对水源保护区农田轮作类型、施肥量、施肥时期、肥料品种和施肥方式的限定。在应用中，BMPs要根据区域特征、污染状况和技术条件确定具体的管理措施和工程措施，并随时间变化和实施效果及时作出改进和调整。现已提出的最佳管理实践主要有少耕法、免耕法、限量施肥、综合病虫害防治、防护林、草地过滤带、人工水塘和湿地等，与此相关的控制技术有农田最佳养分管理、有机农业或综合农业管理模式和农业水土保持技术措施等。

2.3　日本农业绿色发展相关政策和实践

2.3.1　日本农业绿色发展相关政策

日本农业绿色发展大致分为3个阶段，表2.3列出了日本绿色农业发展3个阶段的主要特征。表2.4列举了日本环境保全型农业相关的政策与法规的演变情况。日本农林水产省于1992年通过了《新的食物农业农村政策方向》，其中对环境保全型农业给予了明确的定义。新农业法制定了"推进环保型农业发展的基本方针"，将环境友好型农业定义为利用农业自身的物质循环功能，兼顾与生产力相结合，通过改良土壤减少由化肥农药等产生的环境负荷的可持续发展的农业。1992年在给予环境友好型农业定义后，相关的农业政策先后出台。1999年制定的《食物农业农村基本法》对环境友好型农业进行了定位，因有助于国土整体的环境保护，进而在全国推进。1999年颁布《食物农业农村基本法》，提出在农业多功能性、保护环境、农业可持续发展、促进农村发展等多方面，采取推动使用堆肥而减少化肥、推行生态农户认证并给予农业改良资金的无息贷款支持等措施。

2005—2007年颁布《食品、农业、农村基本法》，推出"农业经营稳定政策"，进一步加大对环境、资源、食品安全等多方面的政策支持，其主要目的是确保食品的稳定供给，发挥农业在保护国土与涵养水源、保护自然环境等方面功能，实现农业的可持续发展与农村的全面振兴。2006年颁布《有机农业促进法》，并定期修改有机农产品标准。表现为加大对专业农户和农业大户的支持力度，促进家庭规模化经营和生产结构优化，对有机农业生产农户提供无息贷款、经济损失补贴及奖励性补贴；建立了较为完善的环保认证体系，包括有机农产品认证体系和生态农户认证制度，同时让大众参与环境管理。2014年全国认定生态农户达到16.6件。生态农户的生产行为主要表现在由传统的生产方式（以水稻生产为例，传统方式为稻草还田，使用N化肥75 kg/hm²，农药使用次数15次），改变为可持续性的生产方式（根据土壤诊断合理施用堆肥提高地力，使用肥效调节型基肥将N化肥使用量降为36 kg/hm²，通过对种子温水消毒处理及稻田养鸭等措施将农药使用次数降低到4次）。

表2.4　2013年日本环境保全型农业技术实践相关环节直接支付补贴水平

环境保全型耕地农业技术措施实施	直接补贴金额/（万日元/hm²）
农田绿肥种植（春夏季2个月以上，秋季4个月以上）	8
豆麦间作耕作方式	8
果园林下牧草种植/果菜地周边防害虫作物种植	8
水田冬闲2个月以上	8
有机耕地农业生产方式	8
水稻生产有机堆肥施用	4.4
水稻或大豆生产秸秆碳投入	5
缓效肥料施用和硝化抑制肥料施用	2
大豆、露天菜地实施病虫害综合防治技术	4
设施菜地和果园、茶园实施病虫害综合防治	2
果林下杂草实施收割管理技术	4

2007年在保护和提高农地、水、环境对策措施中具体支持减少施用化肥农药的生产行为，这些措施可以达到降低环境负荷、提高地力、节约能源的作用。2011年提出对环境友好型农业直接支援措施，更加强化这些措施对防止温室效应及生物多样性的贡献。2015年颁布《关于促进农业发挥多样性功能的相关法律》，进一步将其发展为促进发挥农业多功能性的措施。通过采取各种有效的农业治理措施，日本的农业环境得到了很好的改善，也切实实现了化肥减量的政策目标。此外，日本在农业绿色发展过程中，投入大量的资金进行农业绿色发展的技术升级和对农民的应用培训。

2.3.2 日本农业绿色发展实践

日本农业部门采取的环境友好措施不仅局限于农业、农村，其着眼点在于整体环境的可持续发展，其结果是在保护环境的同时兼顾消费者的利益。同时日本的农业环境政策与欧盟的CAP改革内容基本方向是一致的。在农户自行经营行为中首先要遵守保护农业环境的基本法律，在此之上通过选择不同形式的生产经营行为达到维护农业环境的可持续发展、降低农业负荷，并为消费者提供安全可靠的食物。这些行为可以得到社会的认可并由此接受有关政策支持。

2.3.2.1 耕地农业环保支付制度

日本2007年建立了对农业环境保护的支付制度，2011年开始实施对环境保全型农业的直接支付计划，补贴支付标准确定为40 000日元/hm²，农业方面补贴的制度期限为5年。2013年全日本环境保护型农业的种植、生产面积达到4.5万hm²。日本友好环境耕地农业的直接支付政策对改良耕地种植力、最大化发挥农业自身的物质循环功能及保护生物多样性都产生了显著效果。

日本耕地面积及承载力极其有限，因而对农业耕地的科技及耕作农民的教育投入都十分积极。通过重点补偿开发新型环保耕地技术，目前日本仍在继续推广且有效使用的耕地农业技术主要有3种：①低度肥料化学用药耕地农业，通过直接补贴农耕肥料及防治病虫害的新药开发，降低新药的推广成本，有效提高农耕地生产过程中化学肥料和农药的使用，使得农业生产附属品的毒性物质含量降低，从而改善耕地附属环境的污染程度；②农耕生产废弃物循环利用农业，为提高农耕废弃物有效处置，实现农地生产过程中循环经济利用，加大农业生物技术的使用，对种植废弃物（如农作物秸秆）、家禽牲畜粪便和其他有机生物或植物资源进行科学集中处置，达到有效降低耕地负荷，提升环境承载能力，改善农地周围空气、土壤、水体预防污染能力的目的；③引进新型栽培技术的有机耕地农业，有机农业强调在农耕生产过程中抛弃原有的各种化学添加剂、农药化肥等，有效借助农作物的先天生长方式，因时而动、因地制宜地栽培耕作，使得耕地生产与农地周围环境有序统一。

2014年日本开始实施农业直接支付，用以强调农业的多功能性，也可以说是一种绿色农业政策。日本直接支付主要由3部分组成（表2.5）。第一部分是农业多功能性支付所占比例最大为60%，其中分为维持农地支付（如农田渠道周边除草、清理水渠、蓄水池周边除草、维护农村道路等活动）和提高资源性能支付（如对水路及农田道路的修整等、延长使用期限的行为和植树等、保护农村环境等行为）；第二部分是针对丘陵地带的直接支付，支付对象是具有一定倾斜度的农田（如减缓倾斜度将坡地改为梯田等），占整体的35%左右；第三部分是环境友好型农业直接支付，所占比例最小仅为3%，且所占比例略呈递减的趋势，3年间下降了0.12个百分点，这点与欧美的增加趋势有着明显的不同。

表2.5　日本式直接支付

支付项目	2014年		2015年		2016年	
	金额	比例（%）	金额	比例（%）	金额	比例（%）
农业多功能性支付	48 251	60.79	48 251	60.42	51 251	61.82
丘陵地带直接支付	28 474	35.87	29 000	36.31	29 000	34.98
环境友好型农业直接支付	2 646	3.33	2 609	3.27	2 651	3.20
合计	79 371	100.00	79 859	100.00	82 901	100.00

2.3.2.2　环境友好型农业支付现状

日本农林水产省农业环境相关的支付政策中支持力度最大的是土壤污染对策，其次是环境友好型农业支付。除此之外还有一些与其相关的支付政策，如建立有机/生态农产品稳定供给体制、扩大GAP[①]等。该文只对环境友好型农业相关的补贴内容及实施状况进行探讨。环境友好型农业直接支付预算基本是24亿～26亿日元，2016年的预算为24亿日元，约合1.3亿元人民币。主要分为对符合条件的农民团体及农户的直接支付和为推进项目的地方公共团体的支付，其中直接支付占96%（表2.6）。

---

① GAP：良好农业规范。

表2.6 环境友好型农业直接支付及相关支付政策与执行标准

支付对策名称	目的及支付对象	政策目标及支付标准	预算
环境友好型农业直接支付	促进发挥农业的多功能性保护自然环境	1.2019年生态农户认证数量达到32万件 2.2018年县乡镇具有可推行有机农业的体制达到50%	24.1亿日元（约1.31亿元）
其中： 1.直接支付	减少使用50%以上化肥及农药的生产行为，对防止温室效应及生物多样性具有效果的经营活动的农户团体支付对象：农户团体，达到一定条件的农户	绿肥作物8万日元/hm² 施用堆肥4.4万日元/hm² 有机农业8万日元/hm²（其中荞麦等杂谷类，饲料作物为3万日元/hm²） 特殊认证地区8万日元以内（实施IPM①4万～8万日元/hm²，冬季保水管理8万日元/hm²）	23.1亿日元（约1.26亿元）
2.推进支付支持	各级政府为此项目的运营费用 支付对象：地方公共团体		100万日元（约5.45万元）
构筑有机/生态农产品稳定供给体制	1.全国性事业 对有机生态农产品供需信息实施一元化管理，提供网络服务等，加强生产者与消费者的联系，促进相互理解 2.地方性事业 构建有机生态农产品产地 支付对象：民间团体等	1.2019年生态农户认证数量达到32万件 2.2018年县乡镇具有可推行有机农业的体制达到50%	7 900万日元（430.5万元）
强化GAP体制，扩大供给	为满足旅游及出口需要，扩大GAP的实施地区并支持取得全球GAP认证 支付对象：1.推广GAP：农协，协议会 认证体制：省级单位，农协 2.扩大出口：全国性活动，民间团体 GAP+利用ICT：农协，农业生产法人	1.扩大导入GAP的产地（2013年的23%发展到2018年的70%） 2.促进取得全球GAP，制定符合国际标准的相关规格，促进出口	5 600万日元（305.2万元）

————————————

① IPM：有害生物综合治理。

支付对策名称	目的及支付对象	政策目标及支付标准	预算
减轻产地风险综合对策	1.应对气候变动，农地土壤碳素储存情况调查及相关削减温室效应技术 2.可应对生产资料价格变动的技术对策 3.维持土壤地力措施		2.37亿日元（1 291.2万元）
土壤污染对策	消费安全对策，降低镉浓度技术验证及推广 支付对象：各级政府，协议会，农业者团体 强化农业对策，通过改良土壤土层方式减少镉污染 支付对象：各级政府	在15个省级单位制定降低水田镉浓度的技术规范	18.1亿日元（0.99亿元）207.85亿日元（11.3亿元）

2.4　瑞士农业绿色发展相关政策和实践

2.4.1　瑞士绿色农业发展相关政策

瑞士是一个多山的国家，国土面积4.12万 km^2，其中，农业用地约占国土面积的35.9%，林业用地约占31.6%。

2.4.2　瑞士绿色农业实践

2.4.2.1　依法确立农业绿色发展方向

瑞士在1999年通过议会讨论和全民公投，将严格的农业生态补贴和核查政策写入联邦宪法。瑞士农业发展的目标是要实现食品的有效供给、环境保护、生物多样性保持和动物生存环境的保护等。据此，政府和有关部门制定了一系列法律法规和具体的操作办法，将这一发展理念落到实处，推动生态农业、有机农业发展，提升农产品在欧盟和国际市场的竞争力。

2.4.2.2　绿色农业生态补偿

自1999年以来，瑞士联邦政府的补贴政策每4年研究调整1次。瑞士在生态补偿方面制定政策和规划时，首先考虑环境问题，通过农业改革，增加生态农业的补贴数量，不仅提高了农产品的自给率，而且促进了环境的改善。补偿标准见表2.7。农业补贴内容主要包括：土地补贴，包括耕地保护、自然条件较差地区的生产补贴、鼓励利用夏季草场等；保障农产品供给补贴，包括农业生产能力的保持、生态或有机农产品生产；生物多样性补贴；环保补贴，主要是维持农业生产环境的生态友好；生产性补贴，重点用于推广环境友好型生产技术，以及满足动物福利的生产方法。农场申请政府补贴，须经政府核查，在完全符合PER要求的前提下，填写规定的表格，经审核通过后，即可获得相应的补贴资金，其中90%以上来自联邦政府，其余来自州政府，政府会适时派出专员开展核查。

表2.7 瑞士农业生态补偿标准

补偿内容	补偿额（CHF/hm²）	补偿条件
作物景观补偿	100~350 410~1 000	按照瑞士联邦政府要求对丘陵山区维护； 按照瑞士联邦政府要求对坡度地区维护。
	1 500~5 000	按照瑞士联邦政府要求的葡萄园坡度区维护。
作物景观补偿	240~360	按照瑞士联邦政府要求，各地保护、促进多元作物景观项目的补偿。
	120~400	按照瑞士联邦政府要求对夏季高山牧场适度放牧补偿。
安全生产补偿	900 450	按照瑞士联邦政府要求的农场基本补偿； 按照瑞士联邦政府要求永久绿性绿地基本补偿。
	240~360	按照瑞士联邦政府要求的山区和丘陵地区、耕地以及永久性绿地的生产难度补偿。
	400	按照瑞士联邦政府要求的开放耕地和永久性作物的补偿。
生物多样性保护补偿	450~3 800	按照瑞士联邦政府要求用于生物多样性保护区域（草地、森林牧场、树篱、河岸树木、耕地边缘、斑块、花草带等）；花草带至少保持100天；休耕和耕地边缘至少保持2年；其他至少保持8年。
生产过程补偿	1 200~1 600	按照瑞士联邦政府要求的有机农场、种植特种作物的补偿。

（续表）

补偿内容	补偿额（CHF/hm²）	补偿条件
生产过程补偿	400	大面积种植向日葵、豆类、油菜籽补偿，按照瑞士联邦政府要求的放弃使用激素、灭菌剂、化学合成的自然防御刺激物、除高岭土以外的杀虫剂。
	200	按照瑞士联邦政府要求的放牧型牲畜产生牛奶、肉类，牲畜饲料90%来源于草地。
	120	对牛、马、羊、兔、鸡、鸭、鹿、野牛等牲畜按照瑞士联邦政府要求的定期户外活动，生产受伤等有兽医照顾等的动物保护补偿。
资源化利用补偿	150~250	合理饲料配比、沼肥沼液等减少排放；减少使用耕犁收割；减少除草剂使用量。
	购买成本的25%	购买用于植物保护、减肥减药的精准设备补偿。
	200~400	种植水果放弃使用具有特殊风险的除草剂，杀虫剂和杀螨剂。

2.4.2.3 农业产业化经营多元高效

瑞士农业普遍开展产业化多元经营，带动能力强。规模较大的农场都有自己的加工企业，如乳制品加工厂、果汁厂、蔬菜保鲜加工厂等，农产品经过加工后再出售。有的加工企业除了加工自己的产品外，还带动周围比较小的农户，按农产品质量标准订单收购。瑞士的农产品主要通过超市、连锁店、批发市场和农贸市场销售，并成立有全国性的农产品销售协会，各地区设有分会，会员包括生产者和销售者，定期发布农产品价格信息。瑞士农民合作社和协会制度健全，农民都参加行业协会和合作社，协会为农民提供物资、技术、信息和销售服务，年终如有利润再返还给农民。据统计，瑞士的蔬菜、水果等农产品中90%都由合作社销售。

2.4.2.4 重视农业生态环境保护

从20世纪80年代开始，瑞士政府采取了一系列农业生态环境恢复和保护措施，包括限制土壤中的养分输入量，严格处理动物废弃物。要求农场的一部分土地（约7%）必须保持休闲和不施任何肥料，一个农场必须生产4种作物以上。确定作物轮作的方式应防止病虫害，并避免侵蚀、土壤压实和收缩。冬季土壤表面不能裸露，拥有3 hm²以上开放耕地的农场必须在收获之后播种冬季作物，中间饲料或绿肥。农药和除草剂只能使用《植物保护产品条例》投放市场的植物保护产品，必须按指定的方式使用。在畜牧业领域，瑞士严格控制养殖密度，如在奶牛养殖审批方面，对草场面积有具体要求，必须保证奶牛有足够的室外草场和栏舍等配套设施，避免因草场过载而影响环境，以达到满足动物福利和保护生态的目的。在政府严格的政策控制下，瑞士的大型牲畜数量呈下降趋势，生态环境得到了显著改善。

2.4.2.5 农产品质量安全全程管控

瑞士在农产品质量安全上执行了比欧盟更高更严格的标准，85%的农场达到PER标准，15%的农场取得有机认证。对有机农场管理和饲料供应都进行了严格限制。瑞士优良的动物品种、适度的养殖规模、规范的过程管理、先进的加工设施、高素质的农场主，造就了优质的畜牧产业，瑞士生产的牛奶、奶制品（如奶酪）等质量安全水平位居欧洲国家前列。在动物养殖领域，瑞士较早在饲料中停止使用抗生素。瑞士各地均有专门售卖有机认证产品的专卖店。这些有机认证过的产品也可通过直销或其他渠道销售。同时，由于瑞士有机农业认证操作规范、信誉度高，欧盟和许多国家也对其表示认可。

2.5 荷兰农业绿色发展相关政策和实践

荷兰农业绿色发展大致经历了3个阶段。第一阶段是20世纪80年代，表现为严格控制畜禽养殖量，养殖污染治理是荷兰农业政策转型的最初目标。20世纪90年代是荷兰农业绿色发展的第二个阶段，其特点是严格控制肥料和农药施用。2000年以后，荷兰农业绿色发展进入到第三阶段，即农业资源全面管理的阶段（杜志雄等，2021）。

荷兰为扭转农业粗放型发展对生态环境带来负面影响的不良局面，荷兰政府推出了生态包容性农业的发展计划，旨在通过采取一系列促进农业可持续发展的政策措施以实现对生态环境负面影响最小化、正面影响最大化以及在人与自然和谐共生中获益的目标。生态包容性农业发展计划制定的初衷是保护受到威胁的生物栖息地和乡村景观；随后发展为保护生物多样性使其免受损失，尤其加强对农场飞禽的保护。

2.5.1　治理农业生态环境恶化的做法

荷兰农业集约化发展致使部分农地遭受机械过度耕作和化肥、农药过度施用造成耕地质量退化或污染，甚至农地附近的工矿或城市也遭遇污染侵害，阻碍了农业可持续发展。针对农业生态环境恶化，荷兰政府采取的应对方案：①将污染农地划分为"管理区"和"保持区"，属于"管理区"范围的，由土地所有人或经营者与政府管理部门在自愿平等原则上签订合同，制定地力改善目标和要求，引导农户参与农地污染治理，由于治理可能带来的减产减收损失，由国家根据实情给予补偿；②制定农业生产指导政策，控制农药、化肥使用量，控制氮、磷的释放量，加强畜禽废弃物无害化处理，防治水体和土壤污染，引导不宜耕作农作物的耕地退耕，改为自然生态保护区。

荷兰农业环境政策大体上可以概括为控制畜禽养殖数量、控制化学投入品量和构建农业资源全链条管理体系3个方面。

2.5.1.1　严格控制畜禽养殖量

养殖污染治理是荷兰农业政策转型的最初目标。20世纪80年代，荷兰政府开始通过立法方式严格控制畜禽养殖量，以稳定粪便的产生量。1984年，荷兰提出了猪和家禽的生产权，禁止新建养殖场，并实行欧盟的牛奶配额制度，以立法形式规定每公顷耕地的承载规模，不再允许现有养殖户随意扩大经营规模。所有从事畜禽养殖的农场和公司必须登记种养殖规模，申请粪便排放许可，超过标准的必须缴纳粪便处理费。同时，政府还协助建立畜禽粪便交易市场，支持建立大型粪便处理厂，集中处理过剩粪便，对于剩余粪便采取统一管理、定向分流，将畜牧业发达地区过剩的粪便向需要粪肥的大田作物生产区输送，甚至出口到国外。1989年制定畜禽养殖国家环境政策计划，要求从养殖结构调整、总量控制、粪便排放处理等3个方面控制畜禽养殖业对环境的污染。

2.5.1.2 严格控制肥料和农药施用

应对欧盟农业共同政策更加注重环境保护的新要求，20世纪90年代以来荷兰相继实施了5个硝酸盐肥料行动计划，对硝酸盐的施用标准逐步提升。如果农场主无法达到规定标准，则将会被强制征税。为有效监测农业生产对水体造成的污染，1998年荷兰进一步推出了养分核算系统，以计算农场在农业生产活动过程中实际流失的矿物质成分，并逐渐由高密度养殖农场推广到所有种养殖农场。政府也鼓励农户采取先进的饲养技术，改进饲料配方，改善畜禽舍条件，采用配方施肥，提高管理水平，促进种养殖业向清洁生产方向发展。在农药管理方面，一方面通过立法限制农药的使用，禁止特定的高污染化合物的使用，全面实施农药削减及禁限用计划，另一方面积极支持研发可以接受应用的高效低残留农药和生物农药。

2.5.1.3 建立农业资源全链条管理体系

2005年，荷兰取消养分管理体系，建立了更为严格的农业资源投入标准和监管体系。2007年，荷兰政府出台新建动物圈舍低排放标准，将农业生产的环境保护要求由传统的种养环节进一步延伸到圈舍设计、种养殖管理、废弃物处理等全生产链条中（张斌等，2020）。2011年，荷兰政府启动可持续发展议程，开始探索国家绿色增长模式，要求建立可持续的农业产业体系和食物供给体系。2018年，荷兰发布循环农业发展行动规划，要求构建种植、园艺、畜牧和渔业产业间大循环体系，计划在2030年前实现农业废弃物、食物消费等领域的循环利用率达到80%，成为全球领先的循环农业经济大国，到2050年循环利用率进一步达到100%。

2.5.2 应对生物多样性减少的做法

针对生物多样性减少，荷兰采取的应对方案：①通过制定法律来减少生物多样性的损失，每隔5年就出台一个保护生物多样性的法律法规，重点保护那些能够促进农业生产的物种，如传粉的昆虫、保护作物的甲壳虫等；②发展有机农场，支持有机农民生产发展；③列出生物物种保护清单，引导农民对特定生物物种进行保护，由此产生的经济损失由财政发放补贴来弥补；④针对濒临灭绝的特殊物种，政府采用购买农地的形式对此类物种进行特殊保护。

2.5.3　推进农场和自然融合发展

以农场和自然分治为核心理念的上级政策，有着明确的减少环境破坏行为的目的，对以农户为代表的主体制定了许多制约、要求农户必须遵守的约束条件，如保证生物物种的种数、限制化肥投入量上限等，并细化目标标准，作为衡量补贴额度的依据。这种发展模式在实践中遭到诸多质疑和争议，一方面，农场和自然分离只是治标而非治本之策，导致农业生态环境恶化的源头并未得到有效遏制；另一方面，补贴、投资等行为会破坏自由市场原则，导致市场扭曲，不利于资源有效合理配置。针对农场和自然分治效果弱化，荷兰政府采取的应对方案：推进农场和自然融合发展。一是农场的生产发展有赖于良好的生态环境，生态环境的优劣直接影响着农业生产效果的高低。二是生态友好型农业发展模式在一定程度上有助于提高生物多样性，调节生态系统，发挥对生态环境保护、修复和建设的积极作用，进而促进农场和生态的良性互动。

2.6　发达国家绿色发展经验对我国农业发展的启示

2.6.1　创新循环农业发展模式，协同推进农业环境保护提升

应对畜禽粪污这一突出农业污染问题，荷兰始终坚持"以地定畜、种养结合"的防治理念（张斌等，2020），不断创新循环农业发展模式。在养分管理方面，建立养分交易市场，促进跨区域种养平衡，通过财政补贴支持农场主将多余的粪便进行处理，运往粪肥短缺地区或者销售到国外有机肥需求地区，最终实现粪便的资源化利用。荷兰的农业发展转型经历显示，在短期内环境保护政策可能会对农业的总产出造成一定的影响，但通过技术改进和创新，环境保护政策将倒逼农业经营主体提高农业生产效率。我国推进农业绿色发展，需要坚持发展循环农业理念，强调疏堵结合，不断创新循环模式，加快构建种养结合的大循环体系。

2.6.2 加强绿色发展技术支撑，推进现代农业可持续发展

推进可持续发展，技术创新和推广是关键。从末端污染治理技术到生产设施设备改进，荷兰政府高度重视农业循环利用技术的研发和推广应用，特别是在无土栽培、精准施肥、雨水收集、水资源和营养液的循环利用等方面进行了大量的技术创新。借鉴荷兰经验，我国急需利用农业生态系统原理，从资源优化利用、循环经济、可持续发展角度将牧草种植、畜禽养殖、能源生产、微生物培养和加工等子系统有机结合，强化种养全环节绿色发展技术的研发和推广。

2.6.3 建立完善的农业绿色发展制度体系

为控制农业面源污染，荷兰政府先后颁布实施了一系列法律法规，逐步构建起了较为完善的农业环境保护法规体系以及全方位的监测体系，对不符合农业生产标准的相关行为，给予严厉处罚。因此，在我国推进农业可持续发展，要在坚持稳步推进的同时，强化制度体系建设。一方面要逐渐优化政策设计，从畜禽养殖粪便资源化利用、化学投入品减量等突出问题入手，逐步建立以地定畜、养分平衡制度体系；另一方面要逐步建立严格的监管体系，鼓励新型经营主体建立农业生产投入产出记录，引导种养主体不断提高管理技术和水平。

2.6.4 多功能农业是农业生态转型的方向

当前，世界各国尤其是欧美发达国家，已不再把粮食增产作为农业科技发展的唯一目标，而是越来越重视农业生物多样性保护、资源利用效率的提高和农业多功能性的发挥。发展资源高效、环境友好、生态保育型农业成为当今国际农业发展的潮流和方向。实现生态功能高效集约化，维持农业生态系统的可持续性，以及气候异常条件下抗逆缓冲能力，并为多样化的食物和改善健康提供条件，是集约化农业生态转型最优发展方向。

2.6.5 农业生态转型技术系统化研究亟待加强

农业生态转型尤其是农业生态系统管理的增益控害是复杂的系统性科学问

题，所涉及的科学原理与过程机制仍不够清楚，有待大量基础研究的积累与补充。瑞士联邦农业科学院、英国东英吉利大学、荷兰瓦格宁根大学、美国加州大学等居世界领先水平，国内中国农业科学院、中国农业大学、华南农业大学、江苏省农业科学院和黑龙江省农业科学院等科研院所也从不同的角度开展了相关的研究。但从全国来看，关于集约化生态农业系统构建研究还是短期、片段化、缺乏系统性研究。急需加大对集约化农田生态基础建设的投入，将农田生态景观构建实质性纳入高标准农田建设，在保护农田生物多样性、提高农田生态系统多功能性等相关重大科学问题上开展联合攻关。

2.6.6　农业生态转型配套具体措施和政策亟待完善

虽然我国已经出台了综合性的保护政策，但是几乎没有专门针对农田生物多样性和景观多样性的保护政策。地方机构将生物多样性纳入农业景观规划和管理的能力有限。此外，评估我国农田生物多样性的数据非常有限。在生物多样性建设尤其是农田生物多样性保护与利用方面，全国都是刚刚起步，各省普遍缺乏集约化农田生物多样性方面的调查评价，存在底数不清、没有队伍、重视单项技术研究、缺乏集成组装配套等问题，急需开展农田生物多样性编目和监测，总结村域、乡域、县域各种规模尺度生物多样性保护与利用的技术模式和管理经验，建立不同区域和不同利用方式的生态转型示范区。制定适宜不同农区的农业生物多样性保护和生态系统服务提升的生态基础设施，（如农田缓冲带、绿篱、传粉昆虫栖息地、农田生态廊道等）建设标准和管护技术。

第3章 保护性耕作对土壤质量和生物多样性的影响

保护性耕作是农业耕作措施的一次重大革新，是以水土保持和培肥地力为特点，以秸秆还田、免耕和少耕为主要内容的一种可持续农业技术（陈菁等，2022）。相较于传统耕作方式，保护性耕作在改善土壤质量、提高综合效益方面起着不可替代的作用。主要表现在增强土壤蓄水保肥能力，提高水分利用效率；改善土壤结构，提高土壤肥力水平；调节土壤温度和土壤孔隙度，增加土壤有机质含量；减少土壤扰动，增加土壤碳固存，保护生态环境。保护性耕作不仅可以有效解决秸秆焚烧导致的环境污染、资源浪费等问题，而且对保障国家粮食安全、推动农业发展起着重要作用。

保护性耕作对土壤生物多样性的保护作用已在全球范围内被广泛地证实。与传统耕作相比，实施保护性耕作的土壤有着更丰富多样的土壤微生物、线虫、节肢动物及蚯蚓等生物类群。项目组在国家重点研发计划和中国农业科学院科技创新工程等项目资助下开展了不同耕作方式对土壤质量和生物多样性的影响研究工作。通过对已取得的研究结果进行系统性分析，阐明土壤质量和土壤生物多样性对不同耕作方式响应特征，为构建健康土壤、推动农业绿色可持续发展提供科学支撑。

3.1 保护性耕作对土壤团聚体及微生物学特性的影响

土壤团聚体是土壤结构的基本单元，是评价土壤质量的重要指标之一。土壤团聚体含量、不同粒级团聚体数量分布受农业耕作、施肥和残茬管理等因素的影响。不同耕作方式对土壤团聚体数量、大小、分布及稳定性等影响不同。保护性耕作是指通过免耕、少耕，尽可能减少对耕层土壤的扰动，并结合作物秸秆覆盖地表，减少土壤风蚀、水蚀，提高土壤肥力和抗旱能力的一项农业耕作技术。

土壤团聚体和微生物密不可分。一方面土壤团聚体是微生物存在的场所，另一方面土壤微生物是土壤团聚体形成的重要生物因素。土壤团聚体不同粒径在养分的保持、转化过程中的作用不同，且数量和空间排列分布方式决定了土壤孔隙的分布和连续性，从而决定了土壤保肥性能，进而影响土壤生物活动。土壤团聚体粒径的分布、团聚体稳定性及其影响因素受到许多生态学家和土壤学家的广泛关注。本节将已有的不同保护性耕作对土壤团聚体结构组成、土壤微生物特性的影响研究结果进行总结，分析土壤团聚体组分特征与土壤微生物之间的相互作用关系，探讨保护性耕作对土壤团聚体影响机制，对制定合理的农田耕作措施、构建农业可持续发展的农业生态系统具有重要指导意义。

3.1.1 保护性耕作对土壤团聚体数量、分布特征和稳定性的影响

保护性耕作有利于增加土壤团聚体含量，改善土壤表层结构。高洪军等（2019）研究表明，秸秆还田显著提高东北黑土区土壤大团聚体、团聚体平均重量直径和几何平均直径，减少微团聚体含量。王美佳等（2019）在东北旱作区开展耕作方式和玉米秸秆还田试验研究发现，秸秆还田促进>0.25 mm粒径土壤团聚体形成，降低了<0.053 mm团聚体含量。王丽等（2014）在渭北旱作玉米田的轮耕试验发现，连续免耕、轮耕增大土壤团聚体的平均重量直径和几何平均直径，减小分形维数，增大粒径>0.25 mm团聚体含量。刘威等（2015）对湖北省武穴市和荆州市2个长期定位试验研究发现，秸秆还田结合免耕处理提高水稳性团聚体的含量、土壤团聚体平均重量直径和几何平均直径。Li等（2019）对从1980年发表的关于264项关于保护性耕作对土壤物理特性影响研究表明，无论秸秆还田与否，保护性耕作与传统耕作相比增加了土壤团聚体的平均重量直径、几何平均直径和水稳性团聚体。

土壤团聚体粒级组成和分布是反映土壤结构状态的指标。保护性耕作对土壤团聚体分布特征有显著影响。深耕和秸秆还田对土壤团聚体组成的影响受

土壤质地和土层深度的影响，深耕增加土壤耕层下部和黏土机械稳定性和水稳定性团聚体平均质量直径，秸秆还田能增加壤土和黏土机械稳定性和水稳定性团聚体平均质量直径，增加土壤团聚体的稳定性。水稳定性团聚体在不同土层（0~10 cm、10~20 cm、20~30 cm、30~40 cm）中呈现不同分布趋势，土壤水稳性团聚体随土层加深呈现逐渐向小粒级扩大的趋势，且以翻耕秸秆不还田处理最为突出。

耕作方式影响土壤团聚体形成，影响土壤大团聚体与微团聚体之间的相互转化和再分布进而影响土壤结构稳定性。常规耕作降低土壤团聚体稳定性，增加粒径<0.25 mm团聚体比例，减少粒径>2 mm大团聚体比例。保护性耕作减少耕作次数，并结合秸秆覆盖，降低表层土壤的流失，使土壤表层的结构稳定性得到一定程度的恢复。免耕与传统翻耕相比，减少了土壤的扰动，促进了土壤大团聚体的形成和提升土壤团聚体稳定性。田慎重等（2017）在华北平原小麦—玉米轮作区不同耕作方式试验研究发现，旋耕—深松与秸秆还田方式与旋耕无秸秆还田方式相比，显著提高表层0~20 cm土层土壤较大粒级团聚体比例，提高了土壤团聚体稳定性。霍琳等（2019）在甘肃引黄灌区灰钙土开展了不同耕作方式对团聚体分布及稳定性影响试验，发现深松—免耕的轮耕模式更有利于土壤团聚体含量和稳定性增加。张先凤等（2015）在黄淮海潮土区不同耕作管理对团聚体影响试验表明，保护性耕作方式与秸秆还田相结合对土壤团聚体特征的影响显著大于单独的耕作方式或秸秆还田。以上研究表明，减少耕作次数，少免耕、轮耕和秸秆还田相结合有利于土壤大团聚体形成和提高土壤团聚体的稳定性。

3.1.2　保护性耕作对土壤微生物学特性的影响

土壤酶是具有催化功能的活性物质，其活性可反映土壤微生物活性，对耕作方式比较敏感。微生物通过其分泌的酶参与生态系统中碳、氮、磷等养分的循环。保护性耕作使土壤表层有较高的碳氮养分和含水量，从而使土壤酶活性和微生物可利用资源高于传统的耕作。保护性耕作相对于传统翻耕，提高了土壤脲酶、碱性磷酸酶、过氧化氢酶和蔗糖酶活性。裴雪霞等（2014）研究表明，玉米秸秆还田深翻和秸秆还田深松提高小麦拔节期土壤脲酶、碱性磷酸酶和蛋白酶活性，更有利于作物生长。李彤等（2017）在西北旱区不同耕作方式试验发现，深松耕和免耕较传统翻耕显著增加土壤脲酶和蔗糖酶活性。张英英等（2017）在隆中黄土高原旱作不同耕作措施试验发现，免耕秸秆覆盖、免耕无秸秆覆盖、传统翻耕秸秆还田处理均提高了土壤蔗糖酶、淀粉酶、纤维素酶和过氧化物酶活性。

大多数研究表明，土壤团聚体内的酶活性高于同研究区域内的原土土壤。马瑞萍等（2014）研究发现，黄土高原3种植物群落的土壤团聚体纤维素酶、蔗糖酶和β-葡糖苷酶活性随着团聚体粒径的减小而增大。Bach等（2014）研究表明，湿筛大团聚体（>1 mm）相对较小的团聚体有更大的土壤酶活性，尤其是与碳循环密切相关的纤维二糖水解酶和β-葡萄糖苷酶。钟晓兰等（2015）研究表明，广东省赤红壤土壤团聚体的蔗糖酶、酸性磷酸酶和脲酶活性均以2~5 mm最高，脲酶和酸性磷酸酶在各团聚体粒径间差异不显著。土壤酶在团聚体内分布特征和活性高低存在差异，与土壤酶性质差异有关，因此，土壤酶在团聚体中的分布规律较复杂。

土壤微生物在养分循环、团聚体形成与稳定等过程中起着重要作用。大部分研究表明，保护性耕作与传统耕作相比，有利于增加土壤微生物多样性和微生物生物量（Li et al.，2020）。这是由于保护性耕作减少了土壤扰动有利于维持土壤结构，同时秸秆还田为土壤微生物提供了丰富的碳源和氮源，促进更多的微生物生长和繁殖。保护性耕作可改变土壤pH值，从而影响土壤微生物多样性和土壤对作物生长的适宜性，促进真菌菌丝网络的形成，从而导致土壤真菌群落增加。研究结果的差异与当地气候、作物类型和土壤质地状况有关。

3.1.3　土壤团聚体和土壤微生物的关系

土壤团聚体通过在微生物、酶及其底物之间形成物理屏障，以此控制食物网的相互作用和影响微生物的周转。土壤微生物在土壤团聚体形成中的作用主要表现在以下3个方面：①微生物细胞依靠自身带有的电荷借助静电引力使土壤颗粒彼此连接；②微生物分解有机残留物产生的代谢产物对土壤颗粒的黏结作用；③依靠真菌和放线菌菌丝网将土壤颗粒机械地缠绕在一起。不同的微生物群落对团聚体形成的影响机制不同。通常认为真菌更有利于大团聚体的形成，而细菌及其代谢产物更有利于微团聚体的形成，这主要是微生物在团聚体中的分布具有异质性。

微生物控制着土壤生物化学过程，是土壤物质和能量流动的驱动力。土壤团聚体外部如通气状况良好，有机质丰富，有利于微生物生长和活性的提高。土壤团聚体内部与外部相比含有较多的水分，但通气性较差，团聚体内部以好氧兼厌氧细菌居多，主要以氨化细菌为主，含有少量的硝化细菌和真菌。团聚体粒径不同，微生物组成也有差异，细菌和真菌数量一般随着土壤团聚体粒径的减小而升高。保护性耕作可促进土壤大孔隙的形成，改善土壤的水、气、热及养分状况，提高微生物活性，促进团聚体的形成。保护性耕作减少了土壤的扰动，有助于大团聚体内部形成微粒有机质，有利于土壤大团聚体的形成和增加土壤结构的稳定性。

3.1.4   结论

保护性耕作减少了土壤扰动，有利于土壤团聚体形成和微团聚体向大团聚体转化，增加水稳性大团聚体及结构稳定性。保护性耕作提高土壤酶活性、微生物量和微生物多样性，使土壤微生物群落组成发生变化，提高土壤真菌/细菌，使土壤微生物群落向以真菌为优势菌群的方向发展。在不同保护性耕作方式下，土壤酶活性、微生物群落结构、多样性及不同粒径团聚体内的分布表现不同，长期保护性耕作对土壤团聚体内部微生物的分布特征和分布规律仍不清楚，将土壤酶活性、微生物和团聚体相结合，作为评价土壤质量变化的参考指标具有重要意义。

3.2   不同耕作方式对玉米田土壤有机碳含量的影响

土壤是陆地生态系统重要的有机碳库，土壤有机碳固存相关研究已成为全球农田生产力、生物多样性和固碳减排等相关领域研究的热点问题之一。在土壤有机碳动态与固碳潜力研究上，初步明确全球每年农业固碳与温室气体减排的自然总潜力高达5 500~6 000 Mt CO_2-eq，其中90%来自土壤对大气CO_2的固存。增加土壤有机碳的固存量，既可提高土壤肥力，又可降低土壤CO_2释放，促进农田土壤向大气CO_2的"汇"转变。通过采取合理的土地利用和农业管理方式有助于土壤碳增汇，尤其改善耕地管理、加强侵蚀控制和退化土地恢复等措施对固碳减排潜力贡献最为突出（Smith et al., 2008）。土地频繁翻耕、肥料施用不当、作物残茬清除或焚烧等低水平的农作管理方式是导致我国土壤侵蚀和土壤退化等原因（杨学明等，2003）。合理的农业耕作措施可以减少土壤有机质的矿化分解，增加土壤中的碳储量，减少碳排放（王燕等，2008）。

华北地区是我国重要的粮食产区，长期以来形成了以小麦—玉米一年两熟为主体的种植模式，面临着作物高产稳产与生态环境保护的双重挑战，而保护性耕作方式的广泛推广可以使农田土壤有机碳汇增加，抵消由于长时间传统的高强度耕作对土壤有机碳含量的负面影响。本节研究以华北集约化农田为研究对象，监测和分析玉米种植季节各生育期土壤有机碳含量和碳库管理指数的变化特征，揭示土壤有机碳与作物生产力的关系，以期为我国保护性耕作技术的发展提供理论依据和技术支持。

3.2.1 试验地概况及试验设计

试验地位于农业农村部环境保护科研监测所武清野外科学试验站（北纬39°21′，东经117°12′）。属温带半湿润大陆性季风气候，四季分明。年平均气温11.6 ℃，年均降水量520～660 mm，年平均无霜期为196～246 d。土壤类型为潮土。试验开始前土壤基本理化性质：土壤pH值7.58，有机碳10.83 g/kg，全氮1.18 g/kg，铵态氮5.06 mg/kg，硝态氮19.95 mg/kg，全磷0.72 g/kg，速效钾50.67 mg/kg。

自2008年开始长期试验，采用随机区组设计，设置摞荒（LT）、翻耕（FT）、旋耕（RT）、免耕（NT）4个处理，摞荒不耕不种，翻耕耕深25 cm，旋耕耕深10 cm，免耕不耕。3种耕作方式下小麦、玉米秸秆全田粉碎8～10 cm左右，均匀覆盖地表，均全量还田，所有处理3次重复。小区面积为400 m²（40 m×10 m），小区间由50 cm走道间隔。玉米季有机肥施用量为15 t/hm²（以干质量计），由牛粪和鸡粪混合堆腐而成，有机质18.17%、总氮0.69%、P_2O_5

0.65%、K_2O 0.38%。氮肥为尿素，施用量92.0 kg/hm²。磷肥为过磷酸钙，P_2O_5 12%，施用量为18.0 kg/hm²。钾肥为硫酸钾，K_2O 50%，施用量为15.0 kg/hm²。田间管理同一般大田生产。

3.2.2 测定方法

土壤理化性质测定：土壤pH采用玻璃电极法（水土比为2.5∶1），土壤有机碳测定采用重铬酸钾外加热法，土壤全氮用凯氏定氮法，土壤全磷用采用钼锑抗比色法，土壤铵态氮和硝态氮含量采用2 mol/L氯化钾溶液提取——流动分析仪（AA3，德国）测定，土壤速效磷采用碳酸氢钠提取——钼锑抗比色法（鲍士旦，2000）。土壤微生物量碳、氮采用氯仿熏蒸——K_2SO_4提取法测定（吴金水等，2006）。土壤活性有机碳采用高锰酸钾氧化法测定，非活性有机碳为总有机碳含量与活性有机碳含量之差。

3.2.3 样品采集与分析

2010年玉米苗期、拔节期、灌浆期和成熟期进行土壤样品采集。在各小区按"S"形选取6点，用土钻法取0～20 cm土层土样，混合均匀带回实验室，去除植物根系和砾石，分为2个部分：一部分放入4 ℃冰箱保存；另一部分在室内风干，将风干土过0.25 mm和1.00 mm筛，用于土壤基本理化性质和土壤有机碳的测定。

以撂荒地为参考土壤，土壤碳库管理指数计算公式如下：

$$碳库指数（carbon\ pool\ index，CPI）=\frac{耕作处理土壤有机碳含量}{参考土壤有机碳含量} \tag{3.1}$$

$$碳库活度（active\ degree，A）=\frac{易氧化有机碳含量}{总有机碳含量-易氧化有机碳含量} \tag{3.2}$$

$$碳库活度指数（active\ index，AI）=\frac{耕作处理碳库活度}{参考土壤碳库活度} \tag{3.3}$$

$$碳库管理指数（CPMI）=碳库指数×碳库活度指数×100 \tag{3.4}$$

3.2.4 耕作方式对土壤总有机碳含量的影响

不同耕作方式下玉米各生育期土壤总有机碳含量见图3.1。玉米不同生育时期0～20 cm土层有机碳含量有明显的动态变化，不同生育期不同耕作处理之间有机碳含量表现出较大的差异。苗期，NT处理土壤总有机碳显著高于LT处理，RT、FT与LF处理土壤总有机碳含量无显著差异。拔节期各处理土壤总有机碳含量无显著差异。灌浆期，NT、FT处理土壤总有机碳含量显著高于LT处理，RT与LT处理土壤总有机碳含量无显著差异。成熟期，FT、NT和RT处理的总有机碳含量均显著高于LT处理。就3种耕作方式来讲，在0～20 cm土层土壤有机碳含量变化具有明显的规律性，土壤有机碳都表现为NT最高，FT和RT次之。这说明，采用免耕方式更有利于土壤有机碳的固持和稳定。

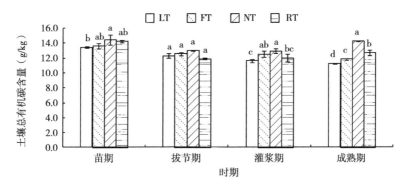

图3.1 不同耕作方式对玉米在各生育期间土壤总有机碳含量的影响

（同一时期柱上不同字母表示在0.05水平上差异显著）

3.2.5 耕作方式对土壤活性有机碳含量的影响

不同耕作方式下玉米各生育期土壤活性有机碳含量变化见图3.2。玉米不同生育时期0～20 cm土层活性有机碳含量有明显的动态变化。除苗期各处理土壤活性有机碳含量无显著差异外，其他3个生育期都表现为NT处理土壤活性有机碳含量显著高于LT处理。就3种耕作方式来讲，土壤活性有机碳含量变化表现一致，均表现为先上升后下降的趋势；除苗期各处理无显著差异外，其他3个时期土壤活性有机碳含量都表现为NT最高，FT和RT次之。这说明免耕有利于提高土壤

0～20 cm土层活性有机碳含量。观测期，土壤活性有机碳含量变化幅度较总有机碳大，显示活性有机碳对耕作措施的响应更为敏感。

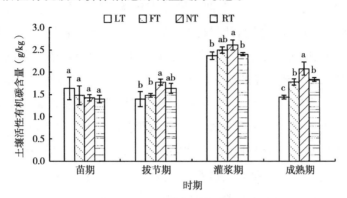

图3.2　耕作方式对土壤活性有机碳含量的影响

（同一时期柱上不同字母表示在0.05水平上差异显著）

3.2.6　耕作方式对土壤碳库管理指数的影响

以玉米成熟期数据进行统计分析，将撂荒处理作为对照，不同耕作方式下土壤碳库管理指数见表3.1。碳库指数（CPI）、碳库管理指数（CPMI）的表现与土壤总有机碳、活性有机碳有着相似的规律，都是NT>RT>FT。与对照处理LT相比，NT、RT和FT处理的碳库指数分别提高了26.43%、12.52%和5.10%，三者之间差异显著；碳库管理指数分别提高了47.38%、30.43%和27.00%，NT显著大于FT和RT。由此可见，免耕对于提高土壤碳库指数和碳库管理指数较翻耕和旋耕更具积极意义。

表3.1　不同耕作处理对土壤碳库管理指数的影响

处理	NAOC	A	AI	CPI	CPMI
LT	9.84c	0.15c	1.00a	1.00d	100.00c
FT	10.07c	0.18a	1.21a	1.05c	127.00b
NT	12.18a	0.17b	1.17a	1.26a	147.38a
RT	10.85b	0.17b	1.16a	1.12b	134.43b

注：同列数据后不同字母表示在0.05水平上差异显著。

3.2.7　讨论与结论

不同的耕作方式对土壤有机碳的影响不同。在维持土壤有机碳库方面，免耕和休耕比翻耕有优势，这一点也得到大量研究证实。本试验结果表明，玉米不同生育时期0～20 cm土层总有机碳数和活性有机碳含量均呈明显的动态变化，各处理在整个观测期有机碳含量和活性有机碳含量并不是一直增加，不同生育期不同耕作处理之间有明显的差异，但就3种耕作方式来讲，观测期均表现为免耕大于旋耕和翻耕。这可能是试验地由传统耕作转变为免耕后，减少了对土壤的扰动，土壤结构和通气状况得到了改善，增加了土壤生物活性。传统耕作会造成土壤有机碳的大量损失，免耕可以减缓土壤有机物质的矿化率，降低土壤呼吸作用，增加农田土壤的固碳能力（Metay et al.，2007）。但Rochette（2008）研究认为，在土壤通气条件不畅时，免耕的节能和增碳效应也可能由于土壤反硝化作用加强导致土壤N_2O排放通量增加而抵消，因而免耕也会导致土壤碳收益的负平衡。

大多数研究表明，免耕有利于提高有机碳库指数，提高土壤肥力。王桂林等（2012）的研究结果显示，相对于传统耕作方式，免耕可以显著提高土壤碳库管理指数。本节研究结论与其一致，认为免耕覆盖处理的作物残茬聚集在土壤表面，在土壤和大气之间形成一层屏障，减少了土壤水分蒸发，同时降低了土壤表面风速，使水分和热量交换降低，较传统耕作更有利于养分的矿化和吸收。相关分析表明，活性有机碳与总有机碳、碳库管理指数均存在显著的相关关系，说明活性有机碳能准确反映土壤碳库变化，可以作为描述土壤质量和评价土壤管理的良好指标。但本节研究结论只是反映玉米一个生长季土壤有机碳组分的变化，处理时间较短，不能反映长期不同耕作方式对土壤有机碳组分的影响，因此有必要进一步对不同耕作方式下土壤有机碳组分变化规律跟踪研究。

耕作方式对土壤总有机碳含量和活性有机碳含量具有显著的影响，观测期土壤总有机碳和活性有机碳含量均表现为免耕最高，翻耕和旋耕次之，免耕更有利于有机碳的固持和稳定。免耕、旋耕、翻耕3种处理都能显著提高土壤碳库活动和碳库管理指数，免耕显著大于翻耕和旋耕。综合考虑以上因素，免耕有利于提高土壤有机碳含量和土壤碳库管理指数，改善土壤质量，提高土壤肥力。

3.3 不同耕作方式对玉米田土壤微生物功能多样性的影响

东北平原是我国重要的粮食产区，黑土是东北地区主要的农业土壤。近年来由于盲目追求高产，大量施用化肥、频繁耕作等不合理的管理方式，导致黑土有机质下降、土壤质量退化日益严重。秸秆全量还田和秸秆肥料化利用是促进农作物秸秆综合利用的有效途径，可以改善土壤理化性状，增加土壤有机质、氮、磷、钾和各种微量元素的含量，增强土壤肥力。土壤是微生物的"天然培养基"是最丰富的菌种资源库，土壤微生物在土壤生态系统中发挥着至关重要的作用，其在土壤中参与土壤的氨化、硝化、固氮、硫化等生物化学反应过程，促进秸秆的腐解、土壤有机质的分解合成和养分的转化（李学垣等，2000）。

合理的耕作措施对土壤微生物量、微生物群落结构和土壤微生物活性等产生积极的影响，可有效提高土壤质量。目前秸秆还田与腐解菌及耕作方式相结合对黑土土壤微生物群落功能多样性的影响尚不明确。为揭示不同耕作方式对我国东北地区黑土土壤微生物功能多样性的影响，本节研究以吉林省公主岭市的不同耕作方式与秸秆还田长期试验为平台，利用Biolog生态板法，分析比较不同耕作方式下土壤微生物功能多样性变化规律，旨在构建玉米秸秆原位还田模式下的土壤保护性耕作技术新模式，提高东北黑土区土壤质量，促进该区域农业可持续发展。

3.3.1 试验设计及样品采集

试验于2015—2019年在吉林省公主岭市吉林省农业科学院试验田进行，位于北纬43°30′24″、东经124°48′36″。该区域属温带大陆性季风气候，年平均气温5.5 ℃，年降水量450～650 mm。试验地采用一年一熟制玉米连作种植。土壤类型为黑钙土。2015年播前耕层土壤（0～20 cm）理化性质：有机质含量25.32 g/kg，全氮含量1.54 g/kg，全磷含量0.51 mg/kg，有效磷含量11.45 mg/kg，pH值7.8。

试验开始于2015年5月，试验设3个处理，分别为秸秆粉碎深翻还田（CK）、玉米高留茬宽窄行栽培+秸秆覆盖+快速腐解菌剂处理（KZF）、秸秆粉碎深翻+

快速腐解剂（SF）。小区面积80 m²，3次重复。秸秆粉碎深翻还田，在玉米收获后，利用秸秆粉碎机粉碎秸秆，然后翻埋于土壤中，翻耕深度25～30 cm。玉米高留茬宽窄行栽培+秸秆覆盖+快速腐解菌剂处理，玉米宽窄行栽培改垄作为平作，改均匀垄为宽窄行。在平整的玉米田上进行宽窄行划分，窄行40 cm，宽行80～90 cm，第一年种植窄行，第二年种植宽行，以此类推形成窄行、宽行交替种植模式；第二年苗带窄行留高茬（40 cm左右），在上一年宽行之间种植窄行。在玉米收获时采用具有秸秆粉碎装置的玉米联合收获机收获果穗或籽粒，随后将秸秆和残茬原位留置耕地表面越冬，秸秆覆盖还田，每公顷施用快速腐解菌剂22.5 L。秸秆粉碎深翻+快速腐解剂（SF）处理，收获后将粉碎的农作物秸秆原位保留在地表并喷施1.5 L秸秆快速腐解菌剂，然后将秸秆翻耕至25～30 cm土层下，将秸秆翻压入土可加快秸秆腐熟分解，可以向土壤中补充大量的有机物料，提高土壤养分，增加土壤有机质，促进农作物生长，有效减少来年杂草和病虫害的发生。

玉米品种为先玉335，播种时间为4月下旬，9月下旬收获。施肥量为N 180 kg/hm²、P_2O_5 70 kg/hm²、K_2O 85 kg/hm²。氮肥为尿素（N，46.4%），磷肥为过磷酸钙（P_2O_5，12%），钾肥为硫酸钾（K_2O，50%）。3种处理施肥量相同，有机肥和磷钾肥作基肥，氮肥50%作基肥，50%在玉米小喇叭口期作追肥施入。秸秆腐解菌由吉林省吉林地富肥业科技有限责任公司生产，快速腐解菌剂的有效菌种为枯草芽孢杆菌和长枝木霉菌，有效活菌数≥1.0亿/mL，可有效作用在秸秆和畜禽粪便等有机物料上使其腐解，稳定性高，菌株间协同性强。各处理管理方式同一般大田生产。

2019年9月底在玉米收获期采样，用直径为5 cm土钻，在每个小区内按照"S"形取样法选取5个点，采取0～20 cm土壤样品，去除根系和石砾，分为2份，一份放在冰盒中带回实验室，放入4 ℃冰箱保存，用于测定速效养分和土壤微生物多样性，另一份土样放在室内自然风干，用于其他土壤理化指标测定。

3.3.2　测定分析与数据处理

土壤理化性质测定方法同3.2.2。

土壤微生物功能多样性测定：应用Biolog生态板测定土壤微生物对碳源的利用情况。称取相当于10 g烘干土质量的新鲜土壤样品放入事先灭过菌的三角瓶中，在三角瓶中加入90 mL灭菌的0.85% NaCl溶液中，以转速为250 r/min在摇床上震荡30 min，摇匀，静置10 min后，吸取上清液依次稀释至10^{-3}。向Biolog生态板的每个孔中加入150 µL的10^{-3}土壤的悬浮液。将Biolog生态板放在遮光的生化培养箱中，在27 ℃下连续培养9 d，用Biolog自动分析仪每24 h读数一次。

土壤微生物对碳源的利用率采用平均颜色变化率（average well color development，AWCD）来表示。对培养96 h时的Biolog生态板孔中吸光值进行统计分析，采用Shannon多样性指数（H）、Simpson优势度指数（D）和Shannon-Wiener均匀度指数（E）来表征土壤微生物群落代谢功能多样性。计算方法公式如下：

$$AWCD = \sum(C_i - R) / n \qquad (3.5)$$

$$H = -\sum p_i \times \ln p_i \qquad (3.6)$$

$$D = 1 - \sum P_i^2 \qquad (3.7)$$

$$E = H / \ln S \qquad (3.8)$$

式中：C_i为每个有培养基孔的光密度值，是各反应孔在590 nm与750 nm的吸光值差；R为碳源空白对照孔的光密度值；n为碳源种类（n=31）；P_i为第i孔吸光值与整个平板吸光值总和的比率；S为发生颜色变化的孔的数目。

采用Excel 2010软件对实验数据进行数据整理，使用SPSS 16.0统计软件进行单因素方差分析和主成分分析。

3.3.3　不同耕作方式下Eco板的AWCD动态特征

AWCD反映了微生物群落对底物碳源的利用水平，是判定土壤微生物群落代谢碳源能力的重要指标（图3.3）。从图3.3可知，不同秸秆还田耕作方式处理下的AWCD值均呈现随时间增加而不断上升的趋势，培养进行的24 h内AWCD变化不明显，48～144 h增长快速，144 h后增速缓慢。表明随着接种时间的增加，不同耕作处理下的AWCD值均呈现显著上升趋势，说明土壤微生物活性逐渐提高，代谢碳源能力也逐渐增强。培养开始的24 h内AWCD值变化不明显，表明微生物几乎未利用土壤碳源；48～144 h增长快速，表明微生物活性显著增强；144 h后增速缓慢，表明AWCD值在144 h时处于拐点处，因此，采用第144 h的光密度值进行方差分析，更能反映不同耕作处理之间土壤微生物利用碳源能力的差异。培养第144 h时，AWCD值顺序为KZF>SF>CK，方差分析表明KZF和SF处理AWCD值显著高于CK。培养第216 h时，KZF与SF处理的AWCD值分别是CK处理的115.84%、123.82%。在144 h后，3种模式之间土壤微生物群落代谢碳源能力的差距在逐渐缩小，这可能是由于腐解菌剂接种作用的消失。整体来看，CK模式下的AWCD值在观测期间内均最小，而KZF和SF处理下的AWCD值在观测期内均高于CK组，表明KZF和SF处理下微生物的代谢活性较高。

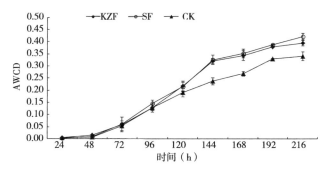

图3.3　不同耕作方式下的AWCD值随培养时间变化

3.3.4　不同耕作方式下土壤微生物多样性指数

土壤微生物H、D和E反映土壤微生物群落功能多样性。不同耕作方式下土壤微生物群落的功能多样性指数见表3.2。KZF与SF处理的H和D均高于对照，但不同处理间均无显著差异（$P>0.05$）。KZF与SF处理的均匀度指数E低于对照CK处理，不同处理间无显著差异。在连续进行5年不同耕作方式处理下，3种不同耕作方式的H、D和E无显著差异。表明连续5年不同耕作方式处理，并未对土壤微生物功能多样性指数产生显著影响。

表3.2 土壤微生物群落多样性指数变化

处理	H	D	E
KZF	4.034 ± 0.119a	0.979 ± 0.011a	0.993 ± 0.018a
SF	3.949 ± 0.137a	0.974 ± 0.020a	0.989 ± 0.031a
CK	3.828 ± 0.131a	0.973 ± 0.019a	0.994 ± 0.021a

注：同列数据后不同字母表示在0.05水平上差异显著。

3.3.5 不同耕作方式下土壤微生物利用全部碳源能力的动态分析

Biolog-Eco微孔中的31种碳源根据特异性官能团分为6类，分别为碳水类、氨基酸类、羧酸类、酚酸类、多聚物类、多胺类。本研究中，土壤微生物对这6类碳源的利用率大小为碳水类>羧酸类>氨基酸类>酚酸类>多聚物类>多胺类（图3.4）。不同耕作方式下，6类碳源利用能力存在差异。KZF与SF处理对碳水类、氨基酸类、酚酸类利用能力均显著高于对照CK（$P<0.05$）。KZF处理对羧酸类的利用能力低于CK处理对羧酸类的利用能力，但无显著差异（$P>0.05$）；SF处理对羧酸类的利用能力显著低于对照CK（$P<0.05$）。KZF处理对多聚物类的利用能力高于CK处理对多聚物类的利用能力，但无显著差异（$P>0.05$）；SF处理对多聚物类的利用能力显著高于对照CK（$P<0.05$）。KZF处理对多胺类的利用能力显著高于CK处理对多胺类的利用能力（$P<0.05$）；SF处理对多胺类利用能力高于对照CK，但无显著差异（$P>0.05$）。

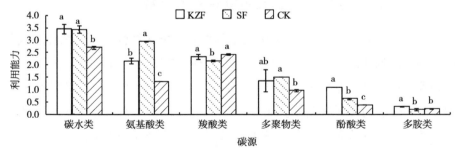

图3.4 不同秸秆还田耕作措施下土壤微生物代谢6类碳源的能力

（同一类型碳源柱上不同字母表示在0.05水平上差异显著）

3.3.6　不同耕作方式下土壤微生物的主成分分析

对各样品培养144 h后的AWCD做主成分分析，分析不同耕作方式下土壤微生物碳源利用的差异。共提取了3个主成分（PC）可以解释95.17%以上的原变量特征。第1主成分和第2主成分的贡献分别为52.95%和37.98%（图3.5）。3种秸秆还田耕作方式下的PC值在空间分布上存在明显差异。KZF位于PC1和PC2正端。SF位于主成分PC1正端和PC2负端。CK位于PC1和PC2负端。主成分分析结果进一步表明，秸秆还田条件下，不同耕作处理下的土壤微生物碳源利用种类和利用强度存在显著差异。不同耕作方式处理对碳源利用情况存在明显差异，说明连续5年进行不同耕作方式处理下对某些特定的土壤微生物进行了富集和驯化，从而导致土壤微生物对不同碳源的代谢活性产生影响。

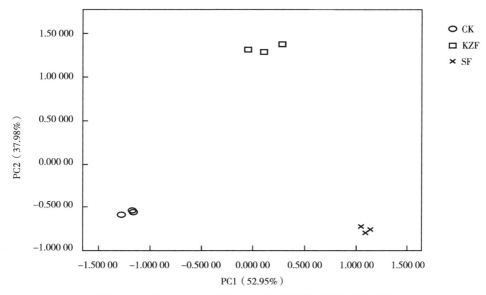

图3.5　不同处理下土壤微生物碳源利用类型的主成分分析

31种碳源主成分分析中的载荷因子反映碳源利用的差异性，载荷因子负荷量的大小和它前面的正负号直接反映了主成分与相应变量之间关系的密切程度和方向。由表3.3可见，第1主成分PC1载荷绝对值>0.5的有21种碳源，绝对值在0.8以上的有15种，其中碳水类6种、氨基酸类4种、羧酸类2种、多聚物类2种、酚酸类1种。第2主成分PC2载荷因子绝对值>0.5的有15种碳源，其中碳水类5种、氨基酸类2种、羧酸类5种、酚酸类1种、多胺类2种。根据影响第1、第2主成分主要变量得分可知（表3.4），影响第1主成分的碳源主要有碳水类、氨基酸类、羧酸类，影响第2主成分的碳源主要有碳水类、羧酸类、氨基酸类。综合分析表明，碳水类、氨基酸类和羧酸类是研究区微生物利用的主要碳源。碳水类的D-木糖、D,L-α-磷酸甘油，氨基酸类的L-精氨酸，羧酸类的D-半乳糖醛酸、α-丁酮酸、γ-羟丁酸，在PC1和PC2载荷均达到0.5以上，这6种碳源为研究区31种碳源中的最敏感类型。

表3.3 31种碳源的主成分载荷因子

碳源类型	碳源	PC1	PC2
碳水类	β-甲基-D-葡萄糖苷	0.990	0.126
	D-半乳糖酸-γ-内酯	0.214	−0.976
	D-木糖	−0.815	0.520
	i-赤藓糖醇	0.805	−0.031
	D-甘露醇	0.947	−0.197
	N-乙酰-D-葡萄糖氨	−0.336	0.880
	D-纤维二糖	0.992	−0.024
	α-D-葡萄糖-1-磷酸	0.986	0.126
	α-D-乳糖	−0.223	−0.804
	D,L-α-磷酸甘油	0.756	0.648
氨基酸类	L-精氨酸	−0.705	−0.705
	L-天门冬酰胺	0.923	−0.372
	L-苯丙氨酸	0.140	0.892
	L-丝氨酸	0.926	−0.365
	L-苏氨酸	0.978	0.178
	甘氨酰-L-谷氨酸	0.941	0.329

（续表）

碳源类型	碳源	PC1	PC2
羧酸类	丙酮酸甲酯	−0.013	−0.999
	D-半乳糖醛酸	−0.631	0.759
羧酸类	α-丁酮酸	0.526	0.847
	D-苹果酸	0.974	0.167
	γ-羟丁酸	0.527	−0.847
	衣康酸	0.096	0.964
	D-葡糖胺酸	−0.947	−0.274
多聚物类	吐温40	0.981	0.146
	吐温80	0.929	0.121
	α-环式糊精	−0.738	0.442
	肝糖	−0.087	−0.248
酚酸类	2-羟基苯甲酸	0.976	0.179
	4-羟基苯甲酸	0.054	0.998
多胺类	苯乙胺	0.071	0.996
	腐胺	−0.351	−0.796

表3.4　影响PC1、PC2主要变量得分

主成分	碳水类	氨基酸类	羧酸类	多聚物类	酚酸类	多胺类
PC1	7.064	4.613	3.714	2.735	1.030	0.422
PC2	4.332	2.841	4.857	0.957	1.177	1.792

3.3.7　讨论与结论

耕作方式是影响土壤微生物群落结构和代谢活性的主要因素之一。本节研究运用Biolog生态板技术，分析比较了不同耕作方式下土壤微生物的代谢活性差异，研究表明秸秆覆盖还田配施腐解剂免耕耕作和秸秆粉碎深翻还田配施腐解菌剂均可增强土壤微生物活性，提高其碳源代谢能力。分析其原因，其一可能是由于免耕的耕作方式对土壤扰动较小，减少了对土壤表层微生物群落的破坏和水分的流失，增加土壤蓄水量和有机质含量，固土保墒，培肥地力，作物和微生物可以充分汲取土壤中养分进而促进自身生长繁殖。其二是由于腐解菌剂的加入提高了玉米秸秆的降解效率并促进腐解残余物有机碳质量分数下降（农传江等，2016），改善了土壤微生物群落结构，增强土壤微生物代谢活性（青格尔等，2016）。董立国等（2010）研究结果表明，秸秆覆盖下的免耕处理对总体碳源利用率以及不同碳源利用率均高于传统耕作，土壤微生物活性可显著增强。这可能由以下原因导致，一方面是由于免耕结合秸秆还田可以提高表层土壤活性有机碳组分含量，增加土壤微生物碳源，从而促进土壤微生物碳源利用；另一方面是由于耕作处理中秸秆腐熟菌剂的添加，增加了土壤中微生物种群数量，加快了秸秆腐熟的速度，为微生物提供了新鲜的碳源，促进了土壤微生物碳源代谢功能。

受环境因子和耕作方式的影响，碳水类、氨基酸类和羧酸类是研究区微生物利用的主要碳源。在对31种碳源的主成分分析中，载荷因子反映了对不同碳源的代谢差异，载荷因子负荷量的大小直接反映了碳源对主成分的影响程度。碳水类2种碳源和氨基酸类4种碳源在PC1和PC2载荷均达到0.5以上，这6种碳源为研究区31种碳源中的最敏感类型。主成分分析表明，不同耕作方式对第1主成分和第2主成分相关碳源利用能力不同，各处理在PC轴上出现了明显的分异。传统深翻还田模式对第1、第2主成分相关碳源的利用能力偏低，玉米高留茬宽窄行栽培+秸秆覆盖+快速腐解菌剂处理和秸秆粉碎深翻+快速腐解剂耕作模式在PC1和PC2轴上空间分布有明显的差异，说明连续5年不同耕作方式处理改变了土壤微生物对碳源的利用特征。与传统深翻还田模式相比，秸秆覆盖玉米高留茬配施腐解菌剂可利用碳源种类最多且利用能力最强，其次是秸秆粉碎深翻配施腐解菌剂模式。其原因有二：其一，可能是由于施加秸秆腐解菌剂后的秸秆还田模式能够显著增加早期土壤中细菌、真菌的数量，菌剂中的微生物也影响了土壤中原有微生物群落的活性和功能多样性，从而提升了土壤微生物群落对碳源的利用率，增加了土壤碳源利用种类和利用程度；其二，可能是由于免耕秸秆覆盖还田相比于传统耕作方式显著增加了耕层土壤的真菌、细菌、放线菌等主要微生物种群数量

（刘淑梅等，2018），促进了土壤中相对应的碳源利用能力，引起微生物群落结构的改变。

综上所述，连续5年对黑土玉米田土壤施以不同耕作方式，并未对土壤微生物功能多样性产生显著影响。玉米高留茬宽窄行栽培+秸秆覆盖+快速腐解菌剂处理和秸秆粉碎深翻+快速腐解剂处理均有利于加快秸秆腐熟速度，改善土壤环境，增强土壤微生物活性，提高土壤微生物对碳源的利用程度和利用种类，进而提高其对碳源的综合代谢能力。

3.4　冬小麦休耕对土壤动物群落及其摄食活性的影响

土壤动物是生态系统物质循环的重要组成部分，对土壤生态系统中土壤有机质的分解，尤其是对植物凋落物的分解和土壤养分矿化等起重要的调节作用。土壤微节肢动物的摄食活性被视为是土壤养分周转的一个重要指标（Zhu et al.，2020），其通过改变土壤结构间接加速养分循环（Tan et al.，2020）。本研究以华北平原小麦田中土壤微节肢动物为研究对象，探究休耕对土壤微节肢动物群落及其摄食活性的影响，明确土壤微节肢动物群落及其摄食活性对休耕及休耕带来的土壤环境变化的响应特征，为区域农业生产及种植制度调整提供参考。

3.4.1　试验设计及样品采集

试验地位于农业农村部环境保护科研监测所武清野外科学试验站（北纬39°21′，东经117°12′）。本试验选取4个常规施肥的小区，每个小区面积为12 m×8 m，在每个小区中心位置设置2块1 m²的样方，其中一块不播种作物作为休耕处理，另一块正常播种作为不休耕处理，即休耕和不休耕2个处理、共8个样方。所有样地均按照氮200 kg/hm²，磷100 kg/hm²，钾100 kg/hm²进行施肥，其中全量的磷肥（P_2O_5）、钾肥（K_2O）和60%的氮肥（尿素）做基肥于播种前施入，40%的氮肥在小麦返青期做追肥施入。

在2021年小麦拔节期（4月1—14日）、抽穗期（4月28日至5月11日）和成熟期（5月25日至6月7日）3个时期测定土壤微节肢动物的摄食活性。每个处理的样方内设置12根饵条，2个处理，4次重复，每个时期设置96根饵条。饵条选用PVC材质的穿孔塑料条，每根条带上打16个直径为1.5 mm的双锥孔用于装填饵料。饵料为纤维素（70%）、细研磨的麦麸（25%）和活性炭（5%）的混合物（Jansch et al.，2017），用去离子水进行充分混匀并保持足够湿度即可装填。

在小麦收获前，使用直径55 mm的土钻，每个处理以S型取样法，选取10个点分别取0～5 cm、5～10 cm土层的土壤样品，去除植物残茬、石砾等杂质后装入无菌自封袋中暂存于冰盒中，尽快带回实验室。不休耕处理的土壤样品在小麦行间采集，休耕处理土壤样品在样方内采集。将土壤样品分为3部分，一部分用于土壤微节肢动物的分离鉴定，一部分在4 ℃冰箱保存用于土壤铵态氮、硝态氮的测定，另一部分土壤样品自然风干用于其他土壤理化性质的测定。

3.4.2　测定分析与数据处理

土壤理化性质测定方法同3.2.2。

土壤中小型节肢动物鉴定：采用干漏斗法（Tullgren法）对土壤样品中的中小型节肢动物进行分离，分离出的土壤动物保存在75%的乙醇溶液中。参照《中国土壤动物检索图鉴》，在OlympusSZX16荧光体视显微镜下进行鉴别与分类，螨类和跳虫鉴定到科，其余物种鉴定到目，并统计个体数量。土壤微节肢动物群落分析采用Shannon-Wiener多样性指数（H'）、Pielou均匀性指数、Margalef丰富度指数。

$$H'=-\sum p_i \ln p_i (i=1，2，3，\cdots，S) \qquad （3.9）$$

$$Pielou均匀性指数：J=H'/\ln S \qquad （3.10）$$

$$Margalef丰富度指数：D=(S-1)/\ln N \qquad （3.11）$$

式中：S为所有类群数；p_i为第i个物种的多度比例；N为物种数总和。

土壤微节肢动物摄食活性测定：采用诱饵薄条法原位测定土壤微节肢动物的摄食活性。将装填好的饵条带到试验地并插入土壤，使最上端的孔刚好位于地表之下，保持14 d的接触期，接触期结束时，小心地将饵条从土壤中取出并清除附着的土壤颗粒。将饵条置于光线明亮处，对整根饵条分2部分进行视觉评估

（前8个孔表示0～5 cm土层，后8个孔表示5～10 cm土层），每个孔超过50%为空则表示已食用，仍被填满则表示未食用，以每个处理中的空孔数和全部孔径之比的平均值作为该处理的饵料消耗率。

3.4.3　休耕对土壤理化性质的影响

不休耕和休耕2个处理的土壤理化因子存在显著差异（表3.5）。不休耕处理中土壤pH值、有效磷和硝态氮含量均显著低于休耕处理（$P<0.05$），且速效养分含量随着土层深度的增加逐渐降低（$P<0.05$）。0～5 cm深度，休耕处理显著降低了土壤含水量（$P<0.05$），而5～10 cm深度土壤含水量在2个处理间未有显著差异。

表3.5　麦田休耕土壤和不休耕土壤的理化性质

指标	不休耕（0～5 cm）	不休耕（5～10 cm）	休耕（0～5 cm）	休耕（5～10 cm）
pH值	7.77 ± 0.04bc	7.74 ± 0.03c	7.82 ± 0.06ab	7.86 ± 0.05a
有机质（g/kg）	20.70 ± 0.44a	19.94 ± 1.44a	21.46 ± 1.77a	19.86 ± 1.63a
有效磷（mg/kg）	57.80 ± 1.51b	57.66 ± 1.31b	62.73 ± 2.21a	61.96 ± 1.06a
铵态氮（mg/kg）	1.38 ± 0.05ab	1.34 ± 0.08b	1.63 ± 0.26a	1.60 ± 0.03ab
硝态氮（mg/kg）	3.75 ± 0.18c	3.54 ± 0.19c	4.76 ± 0.23a	4.28 ± 0.30b
含水量（%）	15.32 ± 1.75b	20.58 ± 0.87a	12.65 ± 1.24c	19.15 ± 2.16a

注：同行数据后不同字母表示在0.05水平上差异显著。

3.4.4　休耕对土壤微节肢动物群落组成的影响

共分离得到微节肢动物291个，隶属4纲4目27科，其中奥甲螨科（Oppiidae）、邦甲螨科（Banksinoma）、菌甲螨科（Scheloribates）为优势类群，分别占总个体数的24.40%、11.68%和10.31%；真卷甲螨科（Trichomonadidae）、罗甲螨科（Lohmaniidae）、全罗甲螨科（Panromecidae）、等节跳科（Isotoma）等16类为常见类群，占总个体数的49.14%；赤螨科（Erythraeidae）、矮蒲螨科（Pygmephoridae）、肉食螨科（Cheyletidae）、棘跳科（Onychiurus）等11类为

稀有类群，占总个体数的4.47%。其中在不休耕处理中分离得到205只，在休耕处理中分离得到86只，休耕处理显著降低了土壤微节肢动物数量（表3.6）。

表3.6 土壤微节肢动物群落组成

类群	不休耕 （0～5 cm）	不休耕 （5～10 cm）	休耕 （0～5 cm）	休耕 （5～10 cm）	优势度
真螨目Acariforms	109	74	24	52	+++
赤螨科Erythraeidae			1		+
矮蒲满科Pygmephoridae	1				+
吸螨科Bdellidae	9	2	5	3	++
菌螨科Anoetidae	3			6	++
巨须螨科Cunaxidae	5	2			++
隐颚螨科Cryptognathus		2		1	++
长须螨科Stigmaeidae	1	2			++
肉食螨科Cheyletidae	1				+
真卷甲螨科Trichomonadidae	1	5	3	1	++
罗甲螨科Lohmaniidae	4	1		1	++
全罗甲螨科Panromecidae	1		2	1	++
上罗甲螨科Epilohmannia	10	3		4	++
滑珠甲螨科Acaridae		1			+
奥甲螨科Oppiidae	23	21	5	22	+++
盾珠甲螨科Allosuctobelba		1			+
邦甲螨科Banksinoma	16	12	1	5	+++
菌甲螨科Scheloribates	16	7	5	2	+++
山足甲螨科Truncopes		4			++
角翼甲螨科Achipteria	2			2	++
微离螨科Microdispidae		1			+

（续表）

类群	不休耕 （0～5 cm）	不休耕 （5～10 cm）	休耕 （0～5 cm）	休耕 （5～10 cm）	优势度
若甲螨科Oribatula	1	1			+
卷甲螨科Phthiracarus	4			1	++
真罗甲螨科Eulohmannia	11	9	2	3	++
弹尾目Collembola	7	11		4	++
棘跳科Onychiurus	1				+
疣跳科Neanura				1	+
等节跳科Isotoma	6	11		1	++
长角跳科Entomobrya				2	+
双翅目diptera	2	1	3	3	++
古虫兆目Acerentomata	1				+
个体总数	119	86	27	59	

注：+++为丰度>10%，优势类群；++为1%<丰度<10%，常见类群；+为丰度<1%，稀有类群。

在不休耕处理中，各土层微节肢动物的多样性指数和丰富度指数分别为2.23、1.86和3.04、2.43，休耕处理的多样性指数和丰富度指数分别为1.37、1.67和1.98、2.28，在0～5 cm土层不休耕处理均与休耕处理差异显著。但2个处理的均匀度指数无显著差异（表3.7）。

表3.7 土壤微节肢动物群落生态指数

生态指数	不休耕（0～5 cm）	不休耕（5～10 cm）	休耕（0～5 cm）	休耕（5～10 cm）
多样性指数	2.23 ± 0.17a	1.86 ± 0.52ab	1.37 ± 0.39ab	1.67 ± 0.20ab
均匀度指数	0.95 ± 0.10a	0.88 ± 0.12a	0.97 ± 0.03a	0.88 ± 0.06a
丰富度指数	3.04 ± 0.42a	2.43 ± 0.80ab	1.98 ± 0.41b	2.28 ± 0.35ab

注：同列数据后不同字母表示在0.05水平上差异显著。

3.4.5 休耕对土壤微节肢动物摄食活性的影响

不同处理中土壤微节肢动物的摄食活性差异显著（图3.6）。4月，不休耕处理中土壤微节肢动物摄食活性为17.2%，休耕处理中的摄食活性则显著高于不休耕处理，为35.4%。5月不休耕处理中的摄食活性相较于4月有所下降，降至10.8%，而休耕处理中的摄食活性则进一步上升，达到39.3%；6月不休耕和休耕处理中的摄食活性与5月相比均有不同程度下降，分别为9.9%和27.1%，且为各月份中最低。综合来看，不休耕处理在各月份中的平均摄食活性为12.98%，休耕处理的平均摄食活性则为36.17%，休耕处理中土壤微节肢动物的摄食活动约为不休耕处理的2.8倍。

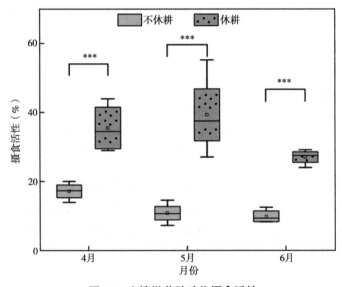

图3.6 土壤微节肢动物摄食活性

（***表示在$P<0.001$水平显著相关）

为确定摄食活动在土层深度上的差异，分为 0 ~ 5 cm 和 5 ~ 10 cm 土层分别进行统计（图3.7）。研究发现4月的摄食活性在不同土层间未产生显著差异。5月和6月土壤微节肢动物的摄食活性在 5 ~ 10 cm 深度均要低于 0 ~ 5 cm。4—6月不休耕处理 0 ~ 5 cm 土层平均摄食活性为15.11%，5 ~ 10 cm 土层平均摄食活性为

8.77%。休耕处理0～5 cm土层平均摄食活性为40.08%，5～10 cm土层平均摄食活性为27.62%。

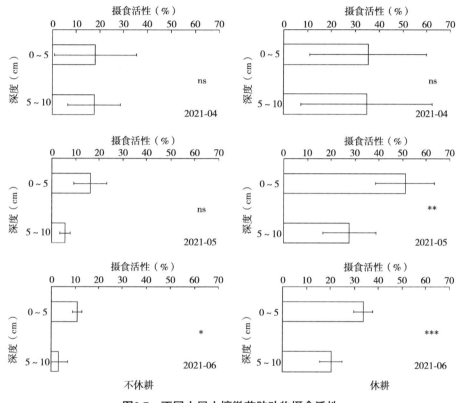

图3.7　不同土层土壤微节肢动物摄食活性

（ *、 **和***分别表示在*P*<0.05、 *P*<0.01和*P*<0.001水平差异显著， ns代表差异不显著）

3.4.6　土壤理化因子与土壤微节肢动物群落和摄食活性的相关性分析

相关性分析结果（表3.8）表明，在不休耕土壤中，土壤pH与土壤微节肢动物多样性指数、均匀度指数和丰富度指数均呈显著正相关（*P*<0.05）。在休耕土壤中，土壤含水量与均匀度指数呈显著负相关（*P*<0.05）。在不同处理下，土壤微节肢动物摄食活性均与土壤含水量呈显著负相关。由表3.9可知，不休耕处理中，奥甲螨科和卷甲螨科则分别与土壤pH值呈显著负相关和显著正相关

（$P<0.05$），邦甲螨科与土壤有机质含量呈显著负相关（$P<0.05$），肉食螨科和棘跳科与土壤铵态氮含量呈显著正相关（$P<0.01$）；休耕处理中，隐颚螨科、罗甲螨科和卷甲螨科与土壤铵态氮含量呈显著负相关，奥甲螨科与土壤含水量呈显著正相关（$P<0.05$）。

表3.8 土壤理化因子与土壤微节肢动物群落参数的相关性分析

处理	理化因子	多样性指数	均匀度指数	丰富度指数	摄食活性
不休耕	pH值	0.781*	0.744*	0.785*	0.404
	有机质	0.576	0.369	0.504	0.486
	有效磷	−0.062	0.224	−0.190	0.452
	铵态氮	0.238	−0.114	0.374	−0.339
	硝态氮	0.586	0.335	0.594	0.438
	含水量	−0.451	−0.558	−0.378	−0.874**
休耕	pH值	0.297	−0.075	0.435	−0.223
	有机质	0.234	0.061	0.217	0.372
	有效磷	−0.327	0.101	−0.412	−0.084
	铵态氮	−0.191	0.369	−0.024	0.546
	硝态氮	0.103	0.250	0.029	0.463
	含水量	0.388	−0.719*	0.389	−0.816*

注：*表示在$P<0.05$水平显著相关；**表示在$P<0.01$水平极显著相关。

表3.9 土壤微节肢动物类群与土壤理化因子的相关性分析

处理	类群	pH值	有机质	有效磷	铵态氮	硝态氮	含水量
不休耕	肉食螨科Cheyletidae	0.334	−0.046	−0.516	0.870**	0.444	−0.020
	奥甲螨科Oppiidae	−0.812*	−0.383	−0.001	−0.146	−0.403	0.385
不休耕	邦甲螨科Banksinoma	−0.154	−0.764*	−0.189	−0.023	−0.611	0.304
	卷甲螨科Phthiracarus	0.756*	0.190	−0.034	0.240	0.406	−0.674
	棘跳科Onychiurus	0.011	−0.133	−0.527	0.849**	−0.378	0.227

（续表）

处理	类群	pH值	有机质	有效磷	铵态氮	硝态氮	含水量
休耕	隐颚螨科 Cyptognathus	−0.395	−0.604	0.442	−0.840**	−0.610	0.619
	罗甲螨科Lohmaniidae	0.193	0.215	0.167	−0.793*	−0.462	0.238
	奥甲螨科Oppiidae	0.056	−0.182	0.042	−0.051	−0.512	0.714*
	卷甲螨科Phthiracarus	0.325	0.205	0.549	−0.753*	−0.560	0.382

注：*表示在$P<0.05$水平显著相关；**表示在$P<0.01$水平极显著相关。

3.4.7　讨论与结论

本研究中，休耕处理的土壤微节肢动物丰度较不休耕处理降低了58%，这主要是由于作物根系的代谢作用会增加土壤中的碳输入，经根系分泌物调节会使更多的有机物质进入土壤中，进而增加土壤微生物活性，从而导致以其为食源的土壤微节肢动物丰度的增加。这与Li等（2018）将林下植被连同根系去除后发现土壤节肢动物的丰度和多样性显著降低的结果一致。休耕会减少根系生物量，进而影响根际微生物种群，进一步抑制土壤微节肢动物的丰度（贺同鑫等，2015）。本研究还发现在有植物的不休耕处理中土壤微节肢动物有明显的表聚效应。不休耕处理0~5 cm土层的微节肢动物丰度相较于5~10 cm土层增长了38.4%，一方面可能是由于小麦根系生物量在0~5 cm土层占比更大，能够为土壤微节肢动物提供更多的食物资源；另一方面可能是由于植物的庇护作用减少了地表的太阳辐射强度，使得较浅土层具有较适宜的土壤温湿度，更适合土壤微节肢动物的生存和繁衍。

对土壤微节肢动物摄食活性的研究发现，不休耕处理中从拔节期到成熟期的土壤微节肢动物摄食活性依次为18.0%、10.8%和7.0%，呈逐渐下降的趋势。表明随着小麦生长期的推移，作物凋落物和根系分泌等有机物质输入土壤中的量也逐渐增多，导致饵料的消耗率下降。与微节肢动物丰度的变化趋势相反，其摄食活性在动物丰度更低的休耕处理中反而更高，显著高于不休耕处理。这表明来自作物根系分泌的有机物质相较于人工制作的饵料更能吸引微节肢动物取食

（Fujii et al.，2014）。本研究表明土壤有效磷和硝态氮含量在休耕处理中显著高于不休耕处理。不休耕处理中的作物根系会吸收土壤中的速效养分（盘礼东等，2021），休耕有利于土壤养分的恢复与提升。有研究发现土壤微节肢动物对土壤速效养分的响应较为强烈，其中土壤螨类受铵态氮的影响较大，且高氮量不利于螨类的生存和发展（杜亚彬等，2020）。本研究也发现了类似的现象，不休耕处理中肉食螨科与土壤铵态氮呈极显著正相关，而休耕处理中的铵态氮含量与隐颚螨科、罗甲螨科和卷甲螨科均呈显著负相关，表明土壤铵态氮含量过高可能会导致土壤螨类丰度下降。此外，Yin等（2019）的研究发现相比于弹尾目，螨类对土壤养分变化更敏感，本研究也发现受土壤养分影响最大的是螨类，而非跳虫。

休耕使土壤微节肢动物丰度降低了58%，但土壤微节肢动物的平均摄食活性却增长了近3倍。综上，休耕显著降低了0～10 cm土层土壤微节肢动物的数量和多样性，但提高了其摄食活性。

第4章　施肥对土壤质量和生物多样性的影响

　　施肥是农业生产提高产量的主要措施之一，施肥量和施肥方式对土壤质量和农业可持续发展具有重要的影响。氮肥施用是土壤氮素的主要来源，是提高农作物产量的重要保障。为了确保粮食作物自给自足，我国现阶段作物生产以高化肥投入的集约化种植模式为主。大量化学氮肥投入不能被作物吸收利用，以NH_3、N_2O和硝态氮等形式进入大气、土壤和水体，导致温室效应、水体富营养化等生态环境问题。施用有机肥替代部分化肥，减少氮肥投入，提高氮肥利用效率，降低农业生产对土壤和环境的负面影响，是实现农业可持续发展的重要出路。土壤微生物是农田生态系统中极为重要的组成部分，对植物生长、物质循环和生态系统中能量流动等都起着十分重要的作用。研究土壤微生物对不同施肥管理的响应对评价土壤肥力和质量变化具有重要意义。

　　华北平原是我国主要的粮食主产区，其耕地面积约占全国耕地面积的21%，在保障我国粮食生产中起着重要作用。但是该区域农业生产中存在化肥施用量过高、肥料利用效率低等问题，农业可持续发展面临严峻挑战。目前，长期不同施肥措施对华北农田土壤固碳微生物和微生物碳源代谢多样性的影响还不明确。为此，本研究以农业农村部环境保护科研监测所武清野外科学试验站长期定位试验中不同施肥处理的表土（0～20 cm土层）为研究对象，利用Illumina MiSeq高通量测序和Biolog生态板技术，研究不同施肥处理下华北平原典型小麦—玉米轮作农田土壤固碳微生物和微生物碳源代谢特征与多样性的变化规律，以期为提高华北地区农田土壤固碳潜力、促进农业可持续发展和合理施肥管理提供理论依据和数据支持。

4.1 试验地概况及试验设计

试验地情况详见3.2.1试验地概况及试验设计。

自2010年开始长期试验，试验设6个施肥处理：对照A0（不施肥），单施有机肥A1（有机肥15 t/hm²），氮肥减量配施有机肥A2（有机肥15 t/hm²、N基肥55.2 kg/hm²、追肥36.8 kg/hm²、P_2O_5 81.0 kg/hm²、K_2O 75.0 kg/hm²），常量化肥配施有机肥A3（有机肥15 t/hm²、N基肥117.3 kg/hm²、追肥78.2 kg/hm²、P_2O_5 81.0 kg/hm²、K_2O 75.0 kg/hm²），氮肥增量配施有机肥A4（有机肥15 t/hm²、N基肥172.5 kg/hm²、追肥115.0 kg/hm²、P_2O_5 81.0 kg/hm²、K_2O 75.0 kg/hm²），单施化肥A5（N基肥117.3 kg/hm²、追肥78.2 kg/hm²、P_2O_5 81.0 kg/hm²、K_2O 75.0 kg/hm²）。小区面积为400 m²，各小区间隔50 cm，每个处理3次重复。有机肥由牛粪和鸡粪混合堆腐而成，氮含量为0.69%，P_2O_5含量为0.65%，K_2O为0.38%。氮肥为尿素（N，46.4%），磷肥为过磷酸钙（P_2O_5，12%），钾肥为硫酸钾（K_2O，50%）。每年9月底玉米收获后，有机肥和磷钾肥全部作基肥和氮肥60%作基肥在冬小麦播种时一次性施入，在小麦拔节期追施40%氮肥。6月初小麦收获后，有机肥和磷钾肥全部作基肥和氮肥60%作基肥在夏玉米播种时一次性施入，玉米小喇叭口期追施40%氮肥。其他田间管理同一般大田生产。种植制度为典型的冬小麦—夏玉米轮作。

4.2 测定方法

4.2.1 土壤理化性质测定

土壤理化性质测定方法同3.2.2。

4.2.2 土壤固碳微生物群落结构多样性测定

土壤DNA提取采用Power Soil® DNA Isolation Kit试剂盒提取，称取0.5 g土样，提取步骤按试剂盒说明书进行。提取后的土壤总DNA用质量分数为1%的琼脂糖凝胶电泳进行检测，使用超微量分光光度计（NANODROP 2000，德国）进行质检。采用Qubit 2.0 DNA检测试剂盒对提取的DNA进行精确定量，以确定PCR反应加入的DNA量。采用巢式PCR进行扩增，第一轮引物为cbbL-F（GACTTCACCAAAGACGACGA）和cbbL-R（TCGAACTTGATTTCTTTCCA），第二轮引物为cbbL-F（ACCAYCAAGCCSAAGCTSGG）和cbbL-R（GCCTTCSAGCTTGCCSACCRC）。使用梯度PCR仪（Eppendorf，德国）进行PCR产物的扩增。采用25 μL扩增反应体系，包含12.5 μL 2×Taq Plus Master Mix，3 μL BSA（2 ng/μL），1 μL正向引物（5 μM），1 μL反向引物（5 μM），2 μL模板DNA和5.5 μL ddH$_2$O。第一轮扩增：94 ℃ 5 min，30个循环（94 ℃ 30 s、52 ℃ 30 s、72 ℃ 60 s），最后72 ℃延长7 min。第二轮扩增：94 ℃ 5 min，20个循环（94 ℃ 30 s、52℃ 30 s、72 ℃ 60 s），最后72 ℃延长7 min。每个样本3次重复，将同一样本的PCR产物混合后，用2%的琼脂糖凝胶进行电泳检测，利用AxyPrepDNA凝胶回收试剂盒切胶回收PCR产物，Tris-HCl缓冲液洗脱，质量分数为2%的琼脂糖电泳检测。使用Qubit 2.0荧光定量系统测定回收产物浓度，将等摩尔浓度的扩增子汇集到一起，混合均匀后进行测序。

测序由北京奥维森基因科技有限公司完成，利用Illumina MiSeq PE300平台上机测序。下机数据经过Trimmomatic和Flash软件预处理，去除低质量reads，然后根据PE数据之间overlap关系将成对的reads拼接成一条序列。去除tags两端的barcode序列及引物序列，去除嵌合体及其短序列等后得到高质量的clean tags，拼接过滤后的clean tags，在0.97相似度下利用Qiime和Vsearch软件进行可操作分类单元（operational taxonomic unit，OTU）聚类分析。对比GreenGenes数据库，对每个OTU进行物种注释。α多样性是对单个样品物种多样性的分析，基于OTU的结果，计算Chao1指数、观测值指数（observed species）、谱系多样性指数（phylogenetic diversity，PD whole tree）和香农指数（Shannon）来进行生物多样性分析。

4.2.3 土壤微生物碳源代谢多样性测定

土壤微生物功能多样性测定方法同3.3.2。

4.3 施肥措施对玉米田土壤固碳细菌群落结构多样性的影响

4.3.1 样品采集与分析

2019年9月底在玉米收获期采样。用直径为5 cm土钻，在每个小区内按照"S"形取样法选取5个点，采集0～20 cm土壤样品，用冰盒带回实验室。去除植物根系、凋落物和其他杂质，将土壤样品分为3份，一份放入4 ℃冰箱中保存，用于测定土壤速效养分、微生物量碳氮含量和微生物碳源代谢多样性；一份于-20 ℃冷冻保存，用于土壤微生物分析；另一份土样放在室内自然风干，用于其他土壤化学指标测定。

应用SPSS 19.0统计软件进行单因素方差分析，利用韦恩图比较样本间OTU相似性，利用主成分分析比较不同处理土壤固碳细菌群落的差异，利用CANOCO4.5软件对土壤固碳细菌优势菌属水平相对丰度与土壤化学性质冗余分析。

4.3.2 不同施肥措施下土壤化学性质变化

长期不同施肥措施改变了土壤化学性质（表4.1）。5种施肥处理的pH值均显著低于对照A0（$P<0.05$）。A1、A2、A3和A4的总有机碳含量显著高于对照A0，A5的总有机碳含量显著低于对照A0（$P<0.05$）。5种施肥处理的土壤全氮和硝态氮含量均显著高于对照（$P<0.05$）。A2、A3和A5处理的铵态氮含量显著高于对照（$P<0.05$），A1和A4处理的铵态氮含量与对照A0无显著差异（$P>0.05$）。A1、A2、A3和A4的全磷和微生物量氮含量显著高于对照A0（$P<0.05$），A5的全磷、微生物量碳和微生物量氮含量与对照A0无显著差异（$P>0.05$）。

表4.1 不同施肥措施下土壤化学性质

施肥处理	pH值	有机碳（g/kg）	全氮（g/kg）	全磷（g/kg）	硝态氮（mg/kg）	铵态氮（mg/kg）	微生物量碳（mg/kg）	微生物量氮（mg/kg）
A0	8.71 ± 0.03a	8.97 ± 0.11d	1.23 ± 0.18e	0.98 ± 0.01d	6.39 ± 0.10e	1.17 ± 0.08c	365.97 ± 32.76d	69.12 ± 6.04b

（续表）

施肥处理	pH值	有机碳（g/kg）	全氮（g/kg）	全磷（g/kg）	硝态氮（mg/kg）	铵态氮（mg/kg）	微生物量碳（mg/kg）	微生物量氮（mg/kg）
A1	8.47 ± 0.09bc	11.03 ± 0.19b	2.08 ± 0.04bc	1.54 ± 0.03c	8.34 ± 0.28d	1.22 ± 0.08c	433.49 ± 57.76cd	86.62 ± 11.14a
A2	8.52 ± 0.04b	9.94 ± 0.30c	1.96 ± 0.01c	1.55 ± 0.04c	10.29 ± 0.23c	1.70 ± 0.22a	530.46 ± 25.20ab	97.88 ± 12.30a
A3	8.29 ± 0.10de	11.37 ± 0.25b	2.21 ± 0.07b	1.64 ± 0.03b	11.00 ± 0.07bc	1.62 ± 0.22ab	466.44 ± 30.10bc	94.79 ± 0.37a
A4	8.19 ± 0.07e	12.28 ± 0.29a	2.43 ± 0.09a	1.89 ± 0.01a	12.77 ± 0.32a	1.37 ± 0.13bc	557.25 ± 53.33a	89.06 ± 6.33a
A5	8.39 ± 0.03cd	8.08 ± 0.14e	1.64 ± 0.21d	1.02 ± 0.01d	11.39 ± 0.97b	1.70 ± 0.13a	389.52 ± 10.71d	68.89 ± 4.94b

注：同行数据后不同字母表示在0.05水平上差异显著。

4.3.3 不同施肥措施下土壤固碳细菌群落多样性

α多样性主要关注均匀生境下的物种数目，适合本研究土壤固碳细菌多样性的描述。Chao1、Observed species和PD whole tree指数均可反映样品中群落的丰富度，其值越大表明样品中固碳细菌群落物种的丰富的越高。Shannon指数表示群落多样性，其值越大表明固碳细菌群落多样性越高。由图4.1可知，A1、A2、A3和A4处理的Chao1、Observed_species指数高于对照A0，A5处理的Chao1、Observed_species指数低于对照A0，但各处理间均无显著差异（$P>0.05$）。各处理的PD_whole_tree指数均无显著差异。A1和A2处理的Shannon指数显著高于对照A0（$P<0.05$），A4和A5处理的Shannon指数显著低于对照A0（$P<0.05$）。土壤固碳细菌α多样性与土壤化学因子的相关性分析结果见表4.2。土壤固碳细菌Shannon指数与pH呈显著正相关（$P<0.01$），与土壤硝态氮含量呈极显著负相关（$P<0.01$）。表明影响土壤固碳细菌Shannon指数的主要土壤环境因子是土壤pH值和硝态氮含量。

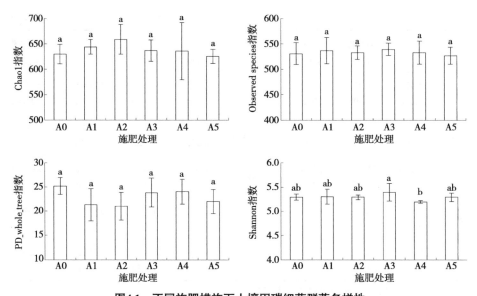

图4.1　不同施肥措施下土壤固碳细菌群落多样性

（同一多样性指数柱上不同字母表示在0.05水平上差异显著）

表4.2　土壤固碳细菌群落α多样性与土壤化学因子之间的相关分析

处理	pH值	有机碳	全氮	全磷	硝态氮	铵态氮	微生物量碳	微生物量氮
Chao1指数	0.074	0.169	0.074	0.175	0.031	0.124	0.058	0.122
Observed_species指数	0.025	0.188	0.049	0.148	0.035	0.119	−0.059	−0.014
PD_whole_tree指数	−0.038	0.084	−0.160	−0.060	−0.019	−0.170	−0.106	−0.291
Shannon指数	0.447*	0.140	−0.030	0.147	−0.521**	−0.187	−0.008	0.313

注：*表示显著相关（$P<0.05$）；**表示极显著相关（$P<0.01$）。

4.3.4　不同施肥措施下土壤固碳细菌群落组成及相对丰度

在97%序列相似度水平下有12 798个OTU，每个样品的OTU数量从504到575个不等。研究所得序列主要被归为3门4纲18属。不同施肥措施下土壤固碳细菌群落在门、纲、属水平上的组成及相对丰度见彩图1。以门作为分类学水平，变形菌门Proteobacteria为$cbbL$微生物优势菌，各处理相对丰度92.83%～94.98%。A1、A2和A3处理的变形菌门相对丰度与对照A0相比无显著差异，A4和A5

处理显著降低了变形菌门的相对丰度。以纲作为分类学水平，优势菌纲为 γ-变形菌纲Gammaproteobacteria、α-变形菌纲Alphaproteobacteria和β-变形菌纲Betaproteobacteria，相对丰度分别为53.75%~65.80%、16.46%~25.89%和12.28%~18.54%。与对照A0相比，A2、A3、A4和A5处理显著降低了γ-变形菌纲相对丰度；A1处理的γ-变形菌纲相对丰度低于A0处理，但无显著差异。α-变形菌纲相对丰度，A2、A4和A5显著高于A0，A1和A3与A0无显著差异。β-变形菌纲相对丰度，A3显著高于A0，A5显著低于A0，A1、A2和A4与A0无显著差异。

以属作为分类学水平，各处理均大于2%的优势菌属有碱湖生菌属*Alkali limnicola*（14.12%~19.34%）、碱螺菌属*Alkalispirillum*（6.91%~14.54%）、*Brevirhabdus*（4.18%~14.95%）、红杆菌属*Rhodobacter*（6.54%~9.27%）、*Sulfurifustis*（5.73%~7.03%）、*Marichromatium*（3.41%~6.32%）、*Diploble chnum*（4.37%~6.41%）、*Sulfuricaulis*（2.54%~4.91%）和*Thioalkalivibrio*（2.87%~6.03%）。与对照A0相比，A1、A2、A3、A4和A5处理显著降低了*Alkalispirillum*和*Thioalkalivibrio*相对丰度，显著提高了*Brevirhabdus*相对丰度。A1、A2、A3、A4、A5处理的*Sulfurifustis*、*Marichromatium*和*Sulfuricaulis*相对丰度与对照A0相比均无显著差异。

4.3.5　固碳细菌群落结构与土壤理化因子的冗余分析

为进一步分析不同土壤理化因子对土壤固碳细菌群落结构的影响，选取土壤具有代表性的优势菌属（相对丰度平均值大于2%）为物种变量、土壤理化性质为环境变量进行冗余分析（图4.2）。结果表明，第一排序轴和第二排序轴分别解释了76.9%和11.2%的变异，前两轴共解释了固碳细菌群落总变异的88.1%。第一排序轴与土壤pH值呈正相关，与有机碳、全氮、全磷、铵态氮、硝态氮、微生物量碳和微生物量氮呈负相关；第二排序轴与有机碳、全氮、全磷、硝态氮、微生物量碳和微生物量氮呈正相关，与pH值、铵态氮呈负相关。土壤pH（$F=9.969$，$P=0.002$）、全氮（$F=10.775$，$P=0.002$）、全磷（$F=8.160$，$P=0.004$）、硝态氮（$F=21.608$，$P=0.002$）、铵态氮（$F=7.598$，$P=0.002$）、微生物量碳（$F=14.063$，$P=0.002$）、微生物量氮（$F=5.631$，$P=0.010$）对土壤固碳细菌属水平达到显著影响，有机碳（$F=3.124$，$P=0.062$）对土壤固碳细菌属水平未达到显著影响。

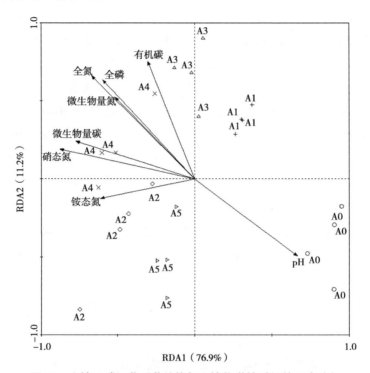

图4.2　土壤固碳细菌群落结构与土壤化学性质间的冗余分析

4.3.6　讨论与结论

本研究利用Illumina MiSeq PE300高通量测序技术分析华北农田土壤固碳细菌多样性发现，长期单施化肥和氮肥增量配施有机肥的Shannon多样性指数显著低于不施肥对照。这与Qin等（2021）对贝加尔针茅草原长期高氮添加试验研究结果一致。Zhao等（2018）研究表明，土壤中高含量的有效氮会增加固碳微生物多样性。本研究结果与这一研究结论不一致。这可能是因为高氮添加导致土壤中可利用性氮素含量增多，导致喜氮微生物生长迅速。相关性分析表明，土壤固碳细菌Shannon多样性指数与硝态氮含量呈极显著负相关性，也说明了这一点。

Huang等（2018）研究表明，水稻田土壤有效氮含量与*cbbL*细菌丰度有显著相关性。施肥对*cbbL*基因丰度的影响与种群变化规律不完全一致，与不施肥对照相比，单施有机肥、单施化肥及有机肥与化肥配施均可以提高OUTs丰度，特别是单施有机肥物种丰度最高。这是由于肥料施用后，土壤中的营养元素含量增加，土壤pH值下降，土壤养分的有效性提高，为土壤中自养固碳细菌提供了所需的营养元素以及丰富的碳源和能源。

不同长期施肥措施对土壤固碳细菌群落结构产生了显著的影响。本研究中所获得优势菌门为变形菌门，变形菌门在土壤中占最大比例，这与其他研究结论一致（苏鑫等，2020）。本研究发现，与不施肥对照相比，氮肥增施配施有机肥和单施化肥显著降低了变形菌门相对丰度，A1、A2、和A3处理的变形菌门相对丰度无显著变化。本研究中γ-变形菌纲Gammaproteobacteria为土壤中的优势纲，这与苏鑫等（2020）在松嫩平原盐碱耕地的研究结果一致。这可能是由于γ-变形菌纲细菌噬盐微生物较多，而本研究试验区土壤pH值在8.19～8.71，适宜该微生物群落生长。本研究中，氮肥增量配施化肥和单施化肥处理显著提高了α-变形菌纲Alphaproteobacteria相对丰度。

冗余分析可直接清楚地反应土壤环境因子对研究区土壤固碳细菌群落特征的影响。从冗余分析结果判断驱动土壤固碳细菌变化的因子发现，土壤固碳微生物群落结构受pH值、全氮、全磷、铵态氮、硝态氮、微生物量碳和微生物量氮含量的显著影响。pH值可以通过H^+浓度改变土壤中营养元素的形态从而影响自养微生物类群。本研究发现，土壤有机碳对土壤固碳细菌群落结构无显著影响，这与刘琼等（2017）对水稻田的研究结果不一致。可见，有机碳对土壤固碳微生物的调控机制并不具有普遍性。本研究表明，有机肥和无机肥连续施用引起土壤pH值和养分变化是土壤固碳微生物群落和多样性变化的重要原因。不同施肥措施使得土壤环境养分发生了改变影响了对环境变化敏感的自养微生物的生长和代谢活动，从而导致了碳同化功能微生物种群结构的变化。

连续10年过量施用氮肥配施有机肥和单施化肥处理显著降低了土壤固碳细菌Shannon多样性指数。土壤pH值和硝态氮含量是影响土壤固碳细菌群落α多样性重要因素。连续10年不同施肥措施下，华北平原农田土壤固碳细菌优势菌群相对丰度发生改变，这种改变在门、纲和属分类水平上均有体现，pH值、全氮、全磷、铵态氮、硝态氮、微生物量碳和微生物量氮含量的差异是影响固碳微生物群落特征形成的主要影响因子。

4.4　施肥措施对玉米田土壤微生物碳源代谢多样性的影响

4.4.1　样品采集与分析

土壤样品采集与处理同4.3.1。

采用Excel 2010软件对数据进行统计分析和作图。应用SPSS 16.0软件对土壤化学性质、微生物量碳（microbial biomass carbon，MBC）、微生物量氮（microbial biomass nitrogen，MBN）、培养96 h吸光值和多样性指数进行单因素方差分析和Duncan多重比较；对培养96 h的31种碳源进行主成分分析；利用Pearson相关分析比较土壤化学性质、MBC和MBN与多样性指数和AWCD之间的相关性。

4.4.2　不同施肥措施下土壤微生物群落代谢活性变化特征

AWCD值表征土壤微生物对不同碳源的利用强度，可反映土壤微生物代谢活性和微生物群落生理功能代谢多样性。连续10年不同施肥处理下，土壤AWCD值变化见图4.3。随着培养时间的延长，不同施肥处理的土壤微生物活性随时间延长而提高。培养24 h各处理的AWCD变化不明显，24～96 h AWCD快速增长，96 h后缓慢增长，直至趋于稳定。培养期间，A2处理的AWCD最高，对照A0处理AWCD最低，A3处理的AWCD高于A4、A2和A5。培养第96 h时，各处理的AWCD在0.227～0.584，土壤AWCD值顺序为A2>A3>A4>A5>A1>A0。方差分析表明，各施肥处理间AWCD值差异显著（表4.3），施肥处理（A1、A2、A3、A4和A5）均显著高于不施肥对照A0（$P<0.05$）；A2、A3和A4的AWCD值显著高于A1和A5，且以A2处理的AWCD值最高。说明A2处理土壤微生物群落具有最强的代谢能力。

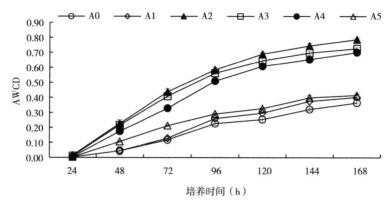

图4.3 不同施肥措施下土壤微生物群落的AWCD

表4.3 土壤微生物群落多样性指数和培养96 h时AWCD值

处理	H	D	E	96 h（AWCD）
A0	4.653 ± 0.109c	0.974 ± 0.011a	1.222 ± 0.031a	0.227 ± 0.013f
A1	4.831 ± 0.025b	0.968 ± 0.021a	1.223 ± 0.019a	0.260 ± 0.014e
A2	5.151 ± 0.036a	0.963 ± 0.010a	1.189 ± 0.031a	0.584 ± 0.018a
A3	4.443 ± 0.051d	0.984 ± 0.012a	1.032 ± 0.027b	0.562 ± 0.009b
A4	4.234 ± 0.042e	0.978 ± 0.011a	1.066 ± 0.033b	0.509 ± 0.010c
A5	3.589 ± 0.021f	0.977 ± 0.015a	0.937 ± 0.032c	0.291 ± 0.005d

注：同列数据后不同字母表示在0.05水平上差异显著。

4.4.3 土壤微生物群落碳源代谢多样性指数

土壤微生物群落碳源代谢多样性指数变化见表4.3。A2的Shannon指数显著高于对照和其他施肥处理；A3、A4和A5处理的Shannon指数均显著低于对照A0。各施肥处理间的优势度指数无显著差异。A1、A2的均匀度指数与对照A0无显著差异，A3、A4和A5的均匀度指数显著低于对照。

4.4.4 土壤微生物群落碳源利用的主成分分析

利用培养96 h的AWCD值，对不同施肥措施下土壤微生物利用碳源底物情况进行主成分分析。在31种碳源因子中共提取了5个主成分，累计贡献率是94.98%。其中第1主成分PC1贡献率是52.71%，第2主成分贡献率是20.08%，第3主成分贡献率为11.48%，第4主成分贡献率为5.92%，第5主成分贡献率为4.79%。选取累计贡献率为72.79%的第1主成分和第2主成分进行分析。结果表明，不同施肥处理碳源利用在PC轴上差异显著（图4.4），A2和A3相对聚集，A4和A5相对聚集，A0和A1相对聚集。A2和A3位于PC1轴和PC2轴的正方向上，土壤微生物碳源利用功能相似。在PC1轴上，A2和A3处理分布在轴的正方向上，得分系数在1.125～1.473；A0、A1、A4和A5分布在轴的负方向上，得分系数在$-1.157 \sim -0.167$。在PC2轴上，A0和A1处理分布在轴的负方向上，得分系数在$-1.312 \sim -1.246$，A2、A3、A4和A5处理分布在轴的正方向上，得分系数在0.085～1.281。不同施肥处理在PC1和PC2轴上得分系数有显著差异（表4.4），说明不同施肥措施改变了土壤微生物群落代谢功能。

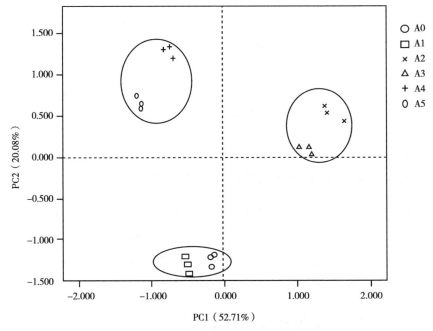

图4.4　土壤微生物碳源利用的主成分分析

表4.4　不同施肥措施主成分得分系数

处理	主成分1 PC1	主成分2 PC2
A0	-0.167 ± 0.019c	-1.246 ± 0.078d
A1	-0.513 ± 0.029d	-1.312 ± 0.101d
A2	1.473 ± 0.147a	0.529 ± 0.092b
A3	1.125 ± 0.090b	0.085 ± 0.058c
A4	-0.760 ± 0.066e	1.281 ± 0.073a
A5	-1.157 ± 0.038f	0.663 ± 0.0759b

注：同列数据后不同字母表示在0.05水平上差异显著。

　　主成分分析中的载荷因子反映碳源利用的差异，载荷因子绝对值越大，表明该碳源基质影响越大，起主要分异作用。由表4.5可见，第1主成分PC1载荷绝对值>0.5的有18种碳源，其中碳水类6种，氨基酸类3种，羧酸类4种，多聚物类2种，酚酸类1种，胺类2种。第2主成分PC2载荷因子绝对值>0.5的有15种碳源，其中碳水类2种，氨基酸类3种，羧酸类4种，多聚物类3种，酚酸类2种，多胺类1种。由表4.6可知，影响第1主成分的碳源主要有碳水类、羧酸类、氨基酸类、多聚物类，影响第2主成分的碳源主要有碳水类、氨基酸类、羧酸类、多聚物类。分析表明，碳水类、羧酸类、氨基酸类和多聚物类是研究区微生物利用的主要碳源。碳水类的D-半乳糖酸-γ-内酯，氨基酸类的甘氨酰-L-谷氨酸，羧酸类的D-葡糖胺酸，多聚物类的肝糖，酚酸类的2-羟基苯甲酸，多胺类的腐胺，在PC1和PC2载荷因子绝对值均达到0.5以上，6者为研究区31种碳源中的最敏感类型。

表4.5　31种碳源的主成分载荷因子

碳源类型	碳源	PC1	PC2
碳水类	i-赤藓糖醇（C2）	0.965	-0.036
	D-纤维二糖（G1）	0.831	0.406
	α-D-乳糖（H1）	0.773	0.432
	α-D-葡萄糖-1-磷酸（G2）	0.683	-0.040
	D-半乳糖酸-γ-内酯（A3）	0.536	0.594
	D,L-α-磷酸甘油（H2）	0.815	0.487

（续表）

碳源类型	碳源	PC1	PC2
碳水类	*D*-甘露醇（D2）	0.147	0.207
	β-甲基-*D*-葡萄糖苷（A2）	−0.077	0.258
	D-木糖（B2）	0.005	0.192
	N-乙酰-*D*-葡萄糖氨（E2）	−0.034	0.979
氨基酸类	甘氨酰-*L*-谷氨酸（F4）	0.785	−0.537
	L-苏氨酸（E4）	0.877	0.381
	L-丝氨酸（D4）	0.548	0.404
	L-苯丙氨酸（C4）	0.014	0.222
	L-精氨酸（A4）	0.136	0.772
	L-天门冬酰胺（B4）	0.195	0.968
羧酸类	*α*-丁酮酸（G3）	0.920	0.178
	衣康酸（F3）	0.942	0.135
	丙酮酸甲酯（B1）	0.911	0.086
	D-葡糖胺酸（F2）	0.625	0.633
	D-半乳糖醛酸（B3）	0.441	0.817
	D-苹果酸（H3）	0.316	0.832
	γ-羟丁酸（E3）	0.316	0.581
多聚物类	肝糖（F1）	0.803	0.511
	吐温40（C1）	0.889	0.438
	α-环式糊精（E1）	0.289	0.737
	吐温80（D1）	−0.278	0.789
酚酸类	2-羟基苯甲酸（C3）	0.731	0.607
	4-羟基苯甲酸（D3）	0.129	0.844
多胺类	苯乙胺（G4）	0.926	−0.291
	腐胺（H4）	0.591	0.725

表4.6　影响PC1、PC2主要变量得分

主成分	碳水类	氨基酸类	羧酸类	多聚物类	酚酸类	胺类
PC1	4.866	2.555	4.471	2.259	0.860	1.517
PC2	3.631	3.284	3.262	2.475	1.451	1.016

4.4.5　土壤化学性质、MBC和MBN与微生物碳源代谢多样性相关分析

相关分析表明，土壤有机碳与96 h的AWCD呈显著正相关。土壤全氮和微生物量碳与96 h的AWCD呈极显著正相关。土壤碳氮比与均匀度指数E呈显著正相关，与96 h的AWCD呈显著负相关。土壤铵态氮与均匀度指数E呈显著负相关，与96 h的AWCD呈显著正相关。土壤硝态氮与Shannon指数H呈显著负相关，与均匀度指数E呈极显著负相关，与96 h的AWCD呈极显著正相关。土壤pH与均匀度指数E呈极显著正相关，与96 h的AWCD呈显著负相关。土壤微生物量氮与Shannon指数H呈显著正相关，与96 h的AWCD呈极显著正相关。土壤碳氮比、铵态氮、硝态氮、pH和微生物量氮是影响土壤微生物群落碳源代谢多样性的重要环境因子。说明，连续10年不同施肥处理下土壤化学性质和微生物学性状发生了变化，从而影响微生物碳源代谢多样性。

表4.7　土壤化学性质、MBC和MBN与微生物群落多样性和AWCD之间的相关性分析

项目	H	D	E	96 h AWCD
有机碳	0.285	0.077	0.115	0.531[*]
全氮	0.050	0.056	−0.209	0.651[**]
碳氮比	0.223	0.051	0.491[*]	−0.496[*]
铵态氮	−0.228	0.004	−0.556[*]	0.513[*]
硝态氮	−0.471[*]	0.138	−0.727[**]	0.638[**]
pH值	0.418	−0.214	0.619[**]	−0.524[*]
微生物量碳	0.264	0.001	−0.006	0.768[**]
微生物量氮	0.484[*]	0.100	0.120	0.727[**]

注：*表示显著相关（$P<0.05$），**表示极显著相关（$P<0.01$）。

4.4.6 讨论与结论

土壤微生物碳源代谢特征可以反映微生物活性和微生物群落对碳源的利用能力。本研究发现施肥措施显著影响了土壤微生物对不同碳源的利用能力。反映微生物群落代谢活性的AWCD值表现为随着培养时间延长，利用碳源量逐渐增加，有机无机配施处理的AWCD值均显著高于不施肥处理。这与武晓森等（2014）在山东省德州市典型小麦—玉米轮作农田得出的有机肥与无机肥配施能够促进土壤微生物对碳源的代谢活性结果一致。本研究结果表明施肥处理的碳源利用能力均显著高于不施肥处理。本研究中连续10年不同施肥措施导致土壤养分含量发生变化，影响了土壤微生物对碳源的利用情况。肥料的施用提高了土壤硝态氮、铵态氮和MBC含量，为微生物的生长与繁殖提供了养分和碳源底物，从而提高了微生物活性。

多样性指数通常与微生物群落的碳源利用效率呈正相关，是评价土壤微生物群落利用碳源程度的重要指标，可反映土壤微生物群落功能多样性。本研究单施有机肥和氮肥减量配施有机肥处理显著提高了土壤微生物Shannon多样性指数，但常量化肥配施有机肥和氮肥增量配施有机肥处理显著降低了土壤微生物的Shannon多样性指数。李猛等（2017）研究发现，氮肥减半配施有机肥处理提高土壤微生物群落物种丰富度，且显著高于常规施氮处理；过量施用化学氮肥降低土壤微生物功能多样性。本研究与其研究结果一致。本研究单施化肥处理显著降低了土壤微生物Shannon多样性指数。相关性分析表明，Shannon指数H与硝态氮、MBN有显著相关性，均匀度指数E与碳氮比、氨态氮、硝态氮、pH均有显著相关性，AWCD与有机碳、全氮、碳氮比、铵态氮、硝态氮、pH、MBC、MBN均有显著相关性，说明长期不同施肥措施引起土壤理化因子和微生物学性状发生改变是导致土壤微生物功能多样性产生差异的重要原因。

从31种碳源的因子载荷值分析，研究区土壤微生物利用的碳源主要为碳水类、羧酸类、氨基酸类和多聚物类。不同施肥措施对第1主成分和第2主成分相关碳源利用能力不同，各处理在PC轴上出现了明显的分异，说明施肥显著改变土壤微生物对碳源的利用特征。单施化肥和氮肥增量配施有机肥处理相对聚集，位于PC1轴的负方向和PC2轴的正方向上，土壤微生物碳源利用功能相似。本研究表明不同施肥处理对碳源的利用情况存在明显差异，说明连续10年不同施肥处理下对某些特定的土壤微生物进行了富集和驯化，促进了喜氮种群代谢活性（朱凡等，2014），抑制了某些种群的正常代谢，从而导致对不同碳源的代谢活性产生影响。综合分析可知，有机肥无机肥配施有利于提高土壤微生物碳代谢活性，在本研究中以氮肥减量配施有机肥处理的微生物活性最高。

连续10年有机肥与无机肥配合施用显著提高了土壤微生物碳源代谢活性，改变了土壤微生物对碳源的利用模式，从而引起土壤微生物碳源代谢多样性的相应改变。研究区以氮肥减量配施有机肥处理有利于提高土壤微生物碳源利用能力和功能多样性。土壤微生物群落代谢特征因施肥措施不同而产生差异，其中氮肥减量配施有机肥与常量化肥配施有机肥土壤微生物群落代谢特征较为相似，与其他施肥处理间土壤微生物代谢特征显著不同。土壤碳氮比、铵态氮、硝态氮、pH和MBN是影响土壤微生物碳源代谢多样性的重要环境因子。

第5章　玉米大豆间作对大豆光合特性和水分利用效率的影响

间作是一种在同一块土地上成行或成带状间隔种植2种或2种以上生长周期相同或相近的作物的种植方式，能够集约利用光、热、肥、水等自然资源，是农业生产重要的管理措施，对生物多样性产生了重要的影响。与传统单作相比，间作最明显的特点是能够在资源条件受限的情况下，充分地利用光热、土地、水肥等资源，提高单位土地面积的生产力及土地利用率，增强农业生态系统功能，提高农田生态系统稳定性，具有高效、高产优势。

目前，研究人员围绕玉米—大豆间作已经展开了大量的研究，结果表明，大豆作为喜光作物，光合产物积累占其干物质的91.31%（黄亚萍等，2015）。光环境影响着植物的光合特性，玉米—大豆间作系统中，处于高位作物的玉米对处于低位作物大豆的遮阴作用，使得间作大豆处于光能截获的劣势，降低了间作大豆的光合速率以及光能利用率，降低了大豆的产量（范元芳等，2017）。但这些研究大部分基于玉米—大豆行比为1：3、2：2、2：3、2：4等的窄条间作研究，并不适用于常规农业机械大规模作业的宽幅间作模式。因此，本研究基于现有常规农业机械，设计开展不同农机作业宽幅条件下的玉米—大豆间作研究，探究玉米—大豆不同宽幅间作条件对大豆光合特性和玉米、大豆产量的影响，以明确不同农机作业宽幅下大豆光合特性、生理生长特性、水分利用效率以及群体产量的变化特征，旨在为区域种植业结构调整以及提高作物的资源利用率提供理论依据及参考。

5.1　试验地概况与试验设计

试验地位于山东省德州市齐河县焦庙镇宋坊农场（北纬36°38′36″，东经

116°34′39″），居黄河下游，属鲁西北平原，东隔黄河，与山东济南相邻。该地区属于暖温带半湿润季风气候区，年平均温度为13.9 ℃，降水量604.1 mm，年日照时数2 636 h，无霜期216 d，是华北典型的小麦玉米轮作区。试验样地面积为11 760 m²，土地耕层土壤基本理化性质为有机质20.51 g/kg，全氮1.30 g/kg，全磷0.86 g/kg，pH值7.99，含水量19.22%，有效磷26.09 mg/kg。

试验于2019年进行，供试玉米品种为登海605，大豆品种为菏豆12。共设置5个处理，分别为单作大豆（SSB）、单作玉米（SM）、玉米—大豆2∶1播幅种植（I_{21}）、玉米—大豆2∶2播幅种植（I_{22}）、玉米—大豆2∶3播幅种植（I_{23}），每个处理3次重复（注：播幅为农机作业的宽度）。单作每个小区长50 m，宽20 m。单作大豆行距40 cm，株距16 cm。单作玉米行距60 cm，株距25 cm。间作每个小区长60 m，玉米农机一个播幅为4行玉米，大豆农机一个播幅为5行大豆，间作大豆、玉米株行距与单作相同，玉米行与大豆行间距60 cm。I_{21}、I_{22}、I_{23}处理小区分别宽6.8 m、8.8 m和10.8 m。

玉米和大豆同时使用农机播种，播种日期2019年6月15日，大豆测产日期为2019年10月4日，玉米测产日期为2019年10月5日。试验地前茬作物均为小麦，并且统一施肥。试验期间作物农事管理措施均按当地常规生产进行，其中各处理玉米播种的同时施用底肥控释掺混肥料（N、P_2O_5、K_2O含量分别为28%、6%、6%）600 kg/hm²，追施尿素（总N含量为46%）375 kg/hm²，各处理的大豆不施肥。

5.2　测定项目与方法

5.2.1　光合有效辐射的测定

将球状光量子传感器（3668I，美国Spectrum公司）固定在大豆植株上方10 cm处进行测定（图5.1）；SSB处理在每个小区内选取中间行的大豆进行测定；I_{21}处理测定3个点（分别为第1、第3、第5行的大豆）；I_{22}处理在每个小区内测定5个点（第1、第3、第5、第8、第10行的大豆植株上方）；I_{23}处理测定7个点（第1、第3、第5、第8、第11、第13、第15行的大豆植株上方），每个处理2次重复。于8—9月连续测定光合有效辐射，每天24 h进行测定，测定结果每隔1 h自动采集1次，本试验研究中只选取使用了5：00—20：00的测定结果。

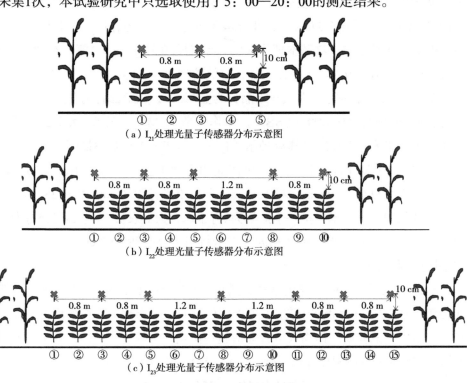

图5.1　光量子传感器分布示意图

（播种后同一时间柱上不同字母表示处理间在0.05水平上差异显著）

5.2.2　光合参数及叶绿素相对含量的测定

每个处理选取与光合有效辐射测定相同行测定净光合速率（Pn）、胞间CO_2浓度（Ci）、气孔导度（Gs）和蒸腾速率（Tr）等光合参数，每个小区在相同行内随机选取2株大豆，均在晴天的9：00—11：00使用LI-6400便携式光合仪测定。测定植株的主茎倒3叶的中间叶片的光合参数，在播种后的第40 d、第52 d、第66 d、第81 d、第94 d进行测定，共计测定5次。

测定光合参数的同时，每个小区在光合有效辐射测定行随机选取6株大豆植株，使用叶绿素仪测定非离体叶片（主茎倒3叶的中间叶片）叶绿素相对含量

（SPAD），选取方式及测定时间与光合参数相同。

5.2.3　大豆株高、叶面积及植物地上部生物量的测定

选取测定光合参数和叶绿素含量相同的大豆植株，在每个小区相同行另外选取4株大豆植株，合计6株，测定植株株高，并且在测定完株高后采集地上部植株带回实验室，裁剪收集每株大豆的所有新鲜功能叶片，使用扫描仪扫描叶片，通过Photo shop软件处理扫描叶片后的图片，得到相关数据并使用Excel进行处理得到植株叶面积。扫描完叶片后将整株大豆在105 ℃杀青30 min，再80 ℃烘干至恒重，测定植株干物质的重量。本研究中地上部生物量指地上部单株大豆植株干物质的量。

叶面积指数（LAI）采用下述公式进行计算：

$$叶面积指数（LAI）= \frac{A_{SB}}{A_L} \tag{5.1}$$

式中：A_{SB}为测定大豆植株的总叶面积；A_L为测定植株所占用的土地面积。

5.2.4　土壤水分利用效率的测定

分别于播种前和收获后使用土钻分层采集各个处理1 m深的土样（0~20 cm，20~40 cm，40~60 cm，60~80 cm，80~100 cm），在间作处理的每个小区的大豆中间和玉米中间分别采集2个点，单作处理中采用五点取样法采集土样，同时测定每层土壤的容重，使用105 ℃烘箱烘干法测定每层土壤含水量及土壤容重，计算得到该小区播种前和收获后的1 m深土壤储水量。

作物水分用量（作物生育期耗水量）在田间条件下通常指作物的蒸发蒸腾量（ET），可通过水量平衡方程计算：

$$ET = P + I + U - R - D + S_{播前} - S_{收获} \tag{5.2}$$

式中：ET为蒸发蒸腾量（mm）；P为有效降水量（mm）；U为地下水补给量（mm）；I为田间灌水量（mm）；$S_{播前}$为播种前0~100 cm土层土壤储水量（mm）；$S_{收获}$为收获后0~100 cm土层土壤储水量（mm）；R为径流量（mm）；D为深层渗漏量（mm）。在本研究中U、R和D被忽略。

水分利用效率（WUE）用下式计算：

$$WUE = \frac{Y}{ET} \qquad (5.3)$$

式中：Y为作物的籽粒产量（kg/hm²）；ET为生育期内作物的蒸发蒸腾量（mm）。

间作相对于单作的耗水量（$\triangle WU$）用单作耗水量（WU）的加权平均值进行计算：

$$\triangle WU = \frac{WU_I}{(P_{SB}WU_{SBS}+P_MWU_{MS})} - 1 \qquad (5.4)$$

间作相对于单作的水分利用效率（$\triangle WUE$）用单作水分利用效率（WUE）的加权平均值进行计算：

$$\triangle WUE = \frac{Y_I/WU_I}{(P_{SB}Y_{SBS}/WU_{SBS})+(P_MY_{MS}/WU_{MS})} - 1 \qquad (5.5)$$

式中：I为玉米大豆间作；SBS和MS分别为大豆和玉米单作；P_{SB}和P_M分别为大豆和玉米在间作中所占的比例；Y_{SBS}和Y_{MS}分别表示单作大豆的产量和单作玉米的产量。

水分当量比（WER）用下式计算：

$$WER = WER_{SB}+WER_M = (WUE_{SBI}/WUE_{SBS})+(WUE_{MI}/WUE_{MS}) \qquad (5.6)$$

式中：WER_{SB}和WER_M分别为间作中大豆和玉米的相对水分利用效率；WUE_{SBI}和WUE_{SBS}分别为间作和单作条件下大豆的水分利用效率；WUE_{MI}和WUE_{MS}分别为间作和单作条件下玉米的水分利用效率。WER大于1说明具有间作优势。

5.2.5　产量及土地当量比的测定

间作大豆收获时在每个小区选取与光合有效辐射测定相同行，每行随机选取连续13株大豆植株进行收获，每个小区2次重复，单作大豆则选取1 m²的大豆植株进行收获，每个小区3次重复，收获后分别进行脱粒测定产量；玉米收获时于每个处理的第1、第3、第5行各选取20穗玉米，设定4次重复，脱粒测定产量。间作处理中玉米和大豆产量是基于间作总占地面积的产量，间作玉米和大豆净面积产量是基于间作带中各自实际占地面积的产量。

土地当量比（LER）用下式计算：

$$LER = LER_{SB} + LER_M = (Y_{SBI}/Y_{SBS}) + (Y_{MI}/Y_{MS}) \tag{5.7}$$

式中：LER_{SB}和LER_M分别表示间作处理大豆和玉米的相对土地当量比；Y_{SBS}和Y_{MS}分别为单作条件下大豆和玉米的籽粒产量（kg/hm^2）；Y_{SBI}和Y_{MI}分别为间作条件下大豆和玉米的净面积籽粒产量（kg/hm^2）。LER大于1说明具有间作优势，LER小于1说明间作劣势。

5.3 不同宽幅玉米—大豆间作对大豆生长发育的影响

5.3.1 不同宽幅玉米—大豆间作对大豆株高的影响

随着生育时期的推进，大豆植株株高逐渐增加，在各个测定时期，各处理的大豆株高表现为$I_{21}>I_{22}>I_{23}>SSB$，其中I_{21}处理的大豆株高均显著高于其他3个处理（图5.2），I_{23}处理的大豆株高高于单作大豆，但差异不显著，I_{22}处理的大豆株高均高于I_{23}处理和单作大豆，且在播种后的第40 d以及第52 d显著高于单作大豆。另外各间作处理大豆边行株高均显著高于单作大豆，且呈现由边行到中间行大豆株高逐渐降低的趋势，说明玉米—大豆宽幅间作主要影响的是与玉米靠近的大豆行，随着大豆播幅的增加玉米对大豆株高的影响逐渐减小。

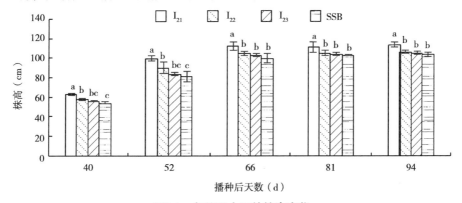

图5.2　各处理大豆的株高变化

（播种后同一时间柱上不同字母表示处理间在0.05水平上差异显著）

5.3.2 不同宽幅玉米—大豆间作对大豆叶面积的影响

不同处理大豆植株的叶面积指数见图5.3。从播种后的第40～94 d，随着时间的推进，单株大豆叶面积指数呈现先增加后下降趋势，为单峰曲线变化，同一时期，各处理的单株大豆叶面积指数表现为$I_{21}<I_{22}<I_{23}<SSB$，并且I_{21}处理显著低于I_{23}处理和单作大豆，除播种后的第52 d外，I_{22}处理单株大豆叶面积指数均显著低于单作大豆，I_{23}处理的叶面积指数在播种后的第52、第66 d和I_{22}处理，单作大豆之间差异不显著。

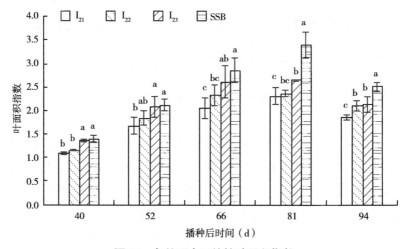

图5.3 各处理大豆植株叶面积指数
（播种后同一时间柱上不同字母表示处理间在0.05水平上差异显著）

5.3.3 不同宽幅玉米—大豆间作对大豆功能叶片叶绿素相对含量的影响

由图5.4可以看出，随着生长时间推进，各处理大豆功能叶片的叶绿素相对含量呈先增加后下降的单峰曲线趋势。同一时期，各处理的大豆功能叶片的叶绿素相对含量表现为$I_{21}>I_{22}>I_{23}>SSB$，并且从播种后的第52～82 d，I_{21}处理显著高于其他3个处理，所有测定时期内，I_{22}、I_{23}处理均与SSB处理差异不显著。

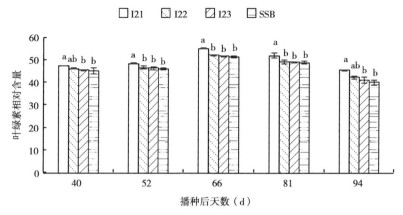

图5.4　各处理大豆功能叶片叶绿素相对含量

（播种后同一时间柱上不同字母表示处理间在0.05水平上差异显著）

5.3.4　不同宽幅玉米—大豆间作对大豆植株地上部生物量的影响

随着大豆生育期的推进，各处理大豆植株地上部生物量逐渐增大（图5.5）。同一时期，各处理大豆植株地上部生物量表现为$I_{21}<I_{22}<I_{23}<SSB$，其中，I_{22}与I_{23}处理之间差异不显著，除了第40 d外，3种间作处理均显著低于SSB处理，且I_{21}处理与I_{23}处理间差异显著。

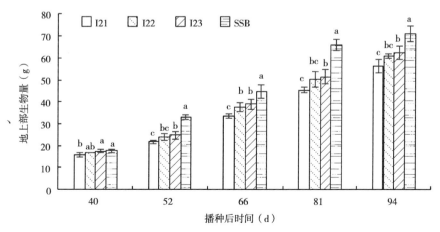

图5.5　各处理大豆地上部生物量

（播种后同一时间柱上不同字母表示处理间在0.05水平上差异显著）

5.4 不同宽幅玉米—大豆间作对大豆光热资源利用的影响

5.4.1 不同宽幅玉米—大豆间作大豆冠层上方的光合有效辐射变化

各处理大豆冠层上方的光合有效辐射日变化呈现先增后降的单峰曲线变化趋势（图5.6）。上午随着太阳高度角的增加，光合有效辐射强度增大，各处理均在中午11：00—13：00达到光合有效辐射最大值，此后逐渐减小，9月各处理的光合有效辐射明显低于8月。从测定数据还可以发现各处理的边行到中间行大豆接收到的光合有效辐射逐渐增加。

总体来说，I_{21}处理各个时间段的光合有效辐射明显低于其他处理，这是由于I_{21}处理只有5行大豆，其受到玉米的遮蔽作用更加明显，I_{22}和I_{23}处理的光合有效辐射变化曲线基本没有差异，略低于SSB处理，这说明I_{22}和I_{23}处理的间作玉米对大豆的遮蔽作用远远小于I_{21}处理。

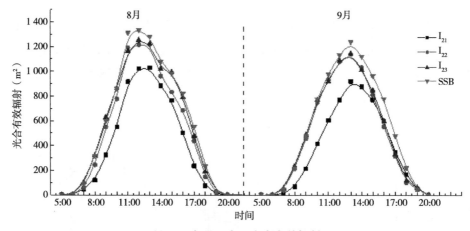

图5.6　各处理大豆光合有效辐射

5.4.2 不同宽幅玉米—大豆间作大豆光合特性的变化

不同处理大豆功能叶片的光合参数见表5.1。在5个测定时间内，随着植株生育时期的推进，各处理大豆植株的净光合速率、气孔导度、蒸腾速率呈先升高后降低趋势，胞间CO_2浓度（Ci）相反，呈先降低后升高的趋势。

各测定时期内，随着大豆间作宽幅的增加，大豆植株的净光合速率、气孔导度、蒸腾速率逐渐增加，但均低于单作处理，其中I_{21}处理显著低于I_{23}、SSB处理，I_{22}、I_{23}处理之间差异不显著，间作处理中，I_{23}处理3个参数值最高；植株胞间CO_2浓度逐渐降低，与净光合速率、气孔导度、蒸腾速率等相反，其中I_{21}处理显著高于I_{23}、SSB处理，I_{22}、I_{23}处理之间差异不显著。

表5.1 不同处理大豆功能叶片的光合特性

播种后时间	处理	净光合速率Pn [μmol CO_2 / ($m^2 \cdot s$)]	气孔导度Gs [mol H_2O/ ($m^2 \cdot s$)]	胞间CO_2浓度Ci (μmol CO_2/mol^2)	蒸腾速率Tr [mmol H_2O/ ($m^2 \cdot s$)]
第40 d	I_{21}	20.99 ± 0.46c	0.86 ± 0.04b	307.23 ± 5.87a	5.80 ± 0.13b
	I_{22}	23.88 ± 0.51b	0.91 ± 0.06ab	298.61 ± 15.24ab	6.26 ± 0.13ab
	I_{23}	24.99 ± 0.81b	0.98 ± 0.12ab	295.70 ± 10.16ab	6.78 ± 1.28ab
	SSB	26.95 ± 0.54a	1.05 ± 0.04a	287.46 ± 3.13b	7.33 ± 0.78a
第52 d	I_{21}	34.57 ± 1.51c	1.16 ± 0.07c	277.64 ± 8.11a	7.77 ± 0.65c
	I_{22}	36.19 ± 0.94bc	1.23 ± 0.05b	261.69 ± 5.82b	9.29 ± 0.26b
	I_{23}	37.76 ± 1.50b	1.27 ± 0.04b	258.73 ± 2.82b	9.65 ± 0.39ab
	SSB	39.88 ± 2.41a	1.37 ± 0.04a	244.65 ± 6.08c	10.24 ± 0.28a
第66 d	I_{21}	30.57 ± 1.51c	0.73 ± 0.09c	232.51 ± 8.45a	7.34 ± 1.07b
	I_{22}	32.91 ± 0.96b	0.88 ± 0.14bc	224.32 ± 3.32ab	8.81 ± 0.13a
	I_{23}	33.77 ± 1.16b	0.90 ± 0.03b	219.71 ± 7.96bc	9.07 ± 0.04a
	SSB	36.40 ± 1.39a	1.08 ± 0.05a	208.56 ± 9.97c	9.36 ± 0.18a
第81 d	I_{21}	24.90 ± 2.27b	0.56 ± 0.04b	290.84 ± 9.03a	5.59 ± 0.31c
	I_{22}	27.35 ± 1.26a	0.64 ± 0.08ab	274.58 ± 14.722b	5.66 ± 0.22bc
	I_{23}	28.20 ± 1.11a	0.67 ± 0.09ab	262.05 ± 9.92bc	6.14 ± 0.23ab
	SSB	29.64 ± 1.45a	0.73 ± 0.11a	253.15 ± 4.64c	6.20 ± 0.66a
第94 d	I_{21}	15.13 ± 0.65c	0.36 ± 0.03b	339.47 ± 14.80a	4.01 ± 0.07b
	I_{22}	17.31 ± 1.67b	0.43 ± 0.06ab	326.18 ± 9.32a	4.35 ± 0.70ab
	I_{23}	18.81 ± 0.39ab	0.45 ± 0.04ab	268.89 ± 8.74b	4.90 ± 0.05ab
	SSB	19.60 ± 1.29a	0.53 ± 0.14a	275.55 ± 20.42b	5.01 ± 0.02a

注：同列数据后不同字母表示在0.05水平上差异显著。

5.5 不同宽幅玉米—大豆间作对作物耗水量及水分利用效率的影响

5.5.1 不同宽幅玉米—大豆间作对作物耗水量的影响

不同宽幅玉米—大豆间作处理下作物的耗水量（WU）见表5.2。玉米—大豆间作提高了大豆种植区的耗水量，并且随着大豆播幅的增加，大豆种植区的耗水量逐渐减少，I_{21}、I_{22}、I_{23}处理大豆种植区的耗水量分别比单作增加了24.11%、9.20%、4.53%。同时，玉米—大豆间作还降低了玉米种植区的耗水量，且随着大豆播幅的增加，玉米种植区的耗水量逐渐减少，I_{21}、I_{22}、I_{23}处理玉米种植区的耗水量分别比单作减少了5.77%、17.11%、19.48%。

表5.2 不同宽幅间作处理的作物耗水量

作物	作物耗水量WU（mm）				
	I_{21}	I_{22}	I_{23}	SSB	SM
大豆	409.78	360.55	345.15	330.18	
玉米	445.10	391.50	380.33		472.33

5.5.2 不同宽幅玉米—大豆间作对作物水分利用效率的影响

不同宽幅玉米—大豆间作处理下作物的水分利用效率（WUE）见表5.3。玉米—大豆间作降低了大豆WUE，随着大豆播幅的增加，大豆WUE逐渐增加，I_{21}、I_{22}、I_{23}处理大豆WUE分别比单作降低了41.94%、26.85%、23.70%。同时，玉米大豆间作还提高了玉米的WUE，且随着大豆播幅的增加，玉米的WUE逐渐增加，I_{21}、I_{22}、I_{23}处理玉米WUE分别比单作增加了8.43%、17.54%、20.59%。

各间作处理相对于单作的耗水量（WU）加权平均值计算表明，各间作群体耗水量高于单作，分别增加0.97%、5.23%、8.17%。各间作处理相对于单作的WUE加权平均值计算表明（表5.4），各间作相对于单作WUE分别增加了1.89%、22%、

25.72%。各间作处理的水分当量比（WER）范围在1.67～1.97，并随着大豆播幅的增加而逐渐增大，各间作处理均具有水分利用优势。

表5.3　不同宽幅间作处理的WUE

作物	WUE（µmol/mmol）				
	I_{21}	I_{22}	I_{23}	SSB	SM
大豆	6.81	8.58	8.95	11.73	
玉米	35.49	38.47	39.57		32.73

表5.4　玉米—大豆不同宽幅间作处理WER以及相对于单作WUE的变化

指标	I_{21}	I_{22}	I_{23}
△WU（%）	0.97	5.23	8.17
△WUE（%）	1.89	22.00	25.72
WER	1.67	1.91	1.97

5.6　不同宽幅玉米—大豆间作对群体产量的影响

5.6.1　不同宽幅玉米—大豆间作产量和土地当量比的变化

除I_{21}处理外，各间作处理的百粒重均显著低于单作处理（表5.5），产量方面I_{22}和I_{23}处理的玉米产量显著高于单作处理，且随着大豆播幅的增加，玉米产量也相应增加。大豆产量均表现为间作处理显著低于单作处理，而且也随着大豆播幅的增加而增加。I_{21}、I_{22}、I_{23}各处理的玉米产量较单作分别增加2%、11%、14%，大豆产量减少28%、9%、5%。I_{21}处理以籽粒产量为基础的LER小于1，I_{22}、I_{23}处理以籽粒产量为基础的LER均大于1，说明玉米—大豆2∶2、2∶3种植具有间作生产优势，各间作处理的土地当量比在0.93～1.03，并随着大豆播幅的增加而增加。

表5.5 单作与间作条件下的产量和土地当量比

处理	百粒重（g）		产量（kg/hm²）		玉米偏土地当量比	大豆偏土地当量比	土地当量比LER
	玉米	大豆	玉米	大豆			
SM	37.82 ± 1.53a		15 459.9b				
SSB		28.31 ± 0.21a		3 873.1a			
I₂₁	38.65 ± 0.76a	27.46 ± 0.69b	15 796.7b	2 792.6c	0.72	0.21	0.93
I₂₂	36.02 ± 0.83b	26.77 ± 0.58b	17 123.1a	3 514.4b	0.60	0.41	1.02
I₂₃	35.15 ± 1.12b	26.90 ± 0.63b	17 612.7a	3 666.1b	0.51	0.53	1.03

注：同列数据后不同字母表示在0.05水平上差异显著。

5.6.2 不同宽幅玉米—大豆间作PAR与光合特性及产量的相关性

大豆光合有效辐射与光合特性及产量的相关系数见表5.6。光合有效辐射（PAR）与光合参数中的净光合速率（Pn）、气孔导度（Gs）、蒸腾速率（Tr）呈显著正相关关系，与胞间CO_2浓度（Ci）和大豆植株株高呈极显著负相关关系，与叶面积指数（LAI）呈极显著正相关关系。大豆PAR与光合特性的正相关系数大小表现为净光合速率（0.902**）>气孔导度（0.887**）>叶面积指数（0.856**）>蒸腾速率（0.783*）。2年的数据还表现出大豆植株叶面积指数（LAI）与净光合速率（Pn）呈显著正相关关系，大豆产量与光合有效辐射呈显著正相关关系。

表5.6 大豆PAR与光合特性及产量的相关性

指标	PAR	LAI	Pn	Gs	Ci	Tr	株高	生物量	产量
PAR	1								
LAI	0.856**	1							
Pn	0.902**	0.866**	1						
Gs	0.887**	0.895**	0.985**	1					
Ci	−0.848**	−0.770*	−0.977**	−0.932**	1				

（续表）

指标	PAR	LAI	Pn	Gs	Ci	Tr	株高	生物量	产量
Tr	0.783*	0.750*	0.953**	0.938**	−0.948**	1			
株高	−0.840**	−0.842**	−0.629	−0.683	0.486	−0.473	1		
生物量	0.055	0.102	−0.343	0.293	−0.441	−0.551	−0.381	1	
产量	0.983*	0.799	0.984*	0.971*	−0.966*	0.823	−0.991**	0.799	1

注：同行数据后*和**分别代表在0.05和0.01水平差异显著和差异极显著。

5.7　讨论与结论

太阳辐射是植物生长发育以及作物产量形成的重要因子，其在冠层内的空间分布会影响间作作物的产量形成（高阳等，2008）。本研究发现各处理大豆冠层上方的光合有效辐射日变化呈现先增后减的单峰曲线变化趋势，最大值出现在11：00—13：00时间段内，这与吕书财等（2018）对大豆冠层光合有效辐射的研究结果一致。随着大豆播幅的增加，光合有效辐射也增加，各间作处理的光合有效辐射均低于单作。光合作用影响植物的物质代谢和能量转化，是光环境对植物的直接作用（范元芳等，2017）。已有研究表明，群体光分布造成光合作用的差异远大于其他因素造成的差异，是导致作物光合特性变化的主要原因（崔亮等，2014）。本试验发现，随着大豆播幅的增加，间作大豆植株的净光合速率、气孔导度、蒸腾速率逐渐增加，但均低于单作处理，而植株的胞间CO_2浓度逐渐降低，但均高于单作，这与范元芳等（2017）的研究结果一致。这是因为同单作相比，大豆作为间作系统中的低位作物受到玉米的遮蔽作用，冠层光环境变差，不利于大豆对光能的截获，使间作大豆植株的光合速率随着光强减弱而下降，这可能是光合电子传递速度随着光合有效辐射减少变慢导致的，而幅宽的增加会减弱玉米对大豆光环境产生的不利影响。

水分的竞争是间作作物地下竞争的主要形式之一，合理的田间布局可以增加作物的水分利用效率，减少农田水用量的同时增加作物产量。本研究结果表明，间作大豆种植区的耗水量均高于单作大豆，间作玉米种植区的耗水量均低于单作玉米，这说明玉米利用生态位吸收水分的差异吸收利用了大豆土壤的水分，同时也可能因为植株相对高的玉米相对大豆能够截获更多的降水造成的结果。通过对间作处理相对单作的耗水量变化的计算发现，各间作群体耗水量高于单作，较单作变化的消耗水分量符合相关研究，与间作作物群体全生育期的绝对耗水量较高于单作，但相较于单作耗水量的加权平均值差异较小。本试验通过对间作处理相对单作的水分利用效率变化的计算发现，各间作显著增加了水分利用效率。本研究还发现，各间作处理的水分当量比（WER）范围在1.67~1.97，并随着大豆播幅的增加而增加，各间作处理均具有水分利用优势。

作物的产量干物质90%~95%源自光合作用（Maddonni et al.，2001）。间作群体内作物间的相互作用对光环境影响较大，而光环境的改变会影响间作群体的光合作用，进而影响作物的籽粒产量。另外，间作系统中由于间作的相互作用可以有效地减少地表蒸发量，提高作物的水分利用效率，促进更多的水分用于产量的形成。在本研究中，玉米大豆间作显著增加了玉米的产量。而间作系统中玉米对大豆的遮蔽作用降低了大豆的产量，且与单作大豆处理差异显著，这与崔亮等（2014）的研究结果一致。本研究结果还证实了，随着大豆宽幅的增加，各间作处理的玉米产量与大豆产量也相应增加，且间作系统中I_{23}处理玉米产量及大豆产量最高，这也是因为随着大豆宽幅的增加，玉米群体间通透性增强，大豆受到弱光胁迫逐渐减小，同时作物水分利用效率逐渐增大产生的结果。2年的试验结果表明，3种宽幅间作处理以籽粒产量为基础的LER随着大豆播幅的增加而增加，其中玉米—大豆2∶2、2∶3种植具有间作生产优势，这与安颖蔚等（2016）对玉米大豆间作研究得到间作群体相较于作物单作种植能够提高农田生产能力的结论一致。

本试验通过分析大豆光合有效辐射与光合特性及产量的相关系数得到，光合有效辐射与净光合速率、气孔导度、蒸腾速率、大豆叶面积指数以及产量呈显著正相关关系，与胞间CO_2浓度和大豆植株株高呈极显著负相关关系，大豆植株叶面积指数与净光合速率呈显著正相关关系，这说明光合有效辐射显著影响着大豆的光合特性，获得更多的光合有效辐射有利于大豆增加叶面积指数，增强光合作用，进而促进大豆产量的增加。玉米大豆宽幅间作相较于单作降低了大豆植株的光合有效辐射、净光合速率、地上部生物量、叶面积指数，但各指标随着大豆播幅的增加而增加，其中玉米—大豆2：1播幅间作大豆各指标显著低于单作大豆。玉米—大豆宽幅间作相较于单作提高了大豆植株株高，但各指标随着大豆播幅的增加而降低，其中玉米—大豆2：1播幅间作大豆各指标显著高于单作大豆。玉米—大豆宽幅间作相较于单作降低了大豆种植区的土壤水分含量以及大豆的水分利用效率，但均随着大豆播幅的增加而增加，3种间作处理均具有间作优势。与单作相比，间作均显著提高了玉米产量，并显著降低了大豆产量，并且玉米大豆产量均随着大豆播幅的增加而增加。

综上，随着大豆宽幅的增加，间作处理中大豆植株的光合有效辐射、净光合速率及地上部生物量逐渐增加，且均低于单作，而株高则逐渐降低，且均高于单作。与单作相比，间作均显著提高了玉米产量，并显著降低了大豆产量。根据生产实际和试验结果推荐2：2或2：3播幅玉米—大豆宽幅间作系统。

第6章 覆盖作物多样性对猕猴桃园土壤质量和节肢动物的影响

果树产业的发展仅次于粮食和蔬菜的发展，我国果树总栽培面积和果品总产量均居世界首位。作为农业产业结构的重要组成部分，果树产业在促进区域经济发展、维持生态环境稳定、农业稳定发展以及农民持续增收等方面具有重要影响作用（王艳廷等，2015）。覆盖作物是指目标作物以外的，人为种植牧草或其他植物。在果园生态系统中，种植覆盖作物可以产生诸多生态服务功能，如减少土壤侵蚀、养分流失，提高土壤质量（Mbuthia et al., 2015），控制病虫草害，提高土壤微生物活性及群落多样性（Schmidt et al., 2018），提高果实产量、改善果实品质（Zheng et al., 2018）等。在保护性耕作系统中，种植覆盖作物是提高土壤生态系统服务能力、减少土壤侵蚀的主要措施之一。

本研究以丹江口水源涵养区代表性地区十堰市猕猴桃园为研究对象，研究不同覆盖作物处理对土壤理化性质和节肢动物的影响，分析比较不同覆盖作物种植下猕猴桃园土壤质量、节肢动物对覆盖作物多样性的变化特征及其驱动机制，为全面分析和评估覆盖作物多样性的果园生态效应，指导果园的科学管理、生物多样性保护和退化果园生态恢复提供科学依据。

6.1 试验地概况及试验设计

试验区位于湖北省十堰市农科院柳陂试验基地猕猴桃果园，平均海拔高度220 m，地处东经110°43′47″，北纬32°49′6″，属亚热带季风气候。≥10 ℃有效积温5 139 ℃，年平均气温16 ℃，生长期平均气温22.6 ℃，无霜期248 d，年日照1 655～1 958 h，年均降水量950 mm。日照时间长且气候温和。土壤属于黄棕壤，基本理化性状为pH值8.14、全磷0.52 g/kg、有机质6.67 g/kg、全氮0.44 g/kg。

本试验于5年生猕猴桃园（行距3 m，株距5 m）进行，栽植密度为800株/hm²。2018年3月进行覆盖作物种植。共设4种覆盖作物处理模式：①自然生草为对照处理（CK）；②2种覆盖作物复合种植（T1处理），白车轴草（*Trifolium repens* L.）、黑麦草（*Lolium perenne* L.）；③4种覆盖作物复合种植（T2处理），白车轴草、黑麦草、红车轴草（*Trifolium pratense* L.）、早熟禾（*Poa annua* L.）；④8种覆盖作物复合种植（T3处理），白车轴草、黑麦草、红车轴草、早熟禾、长柔毛野豌豆（*Vicia villosa* Roth）、紫羊茅（*Festuca rubra* L.）、百日菊（*Zinnia elegans* Jacq.）、秋英（*Cosmos bipinnatus* Cav.）。每个处理3次重复，小区面积为900 m²（60 m×15 m），小区间设置1.5 m隔离带。

播前深翻整地，播种密度2种覆盖作物250 kg/hm²（黑麦草150 kg/hm²、白车轴草100 kg/hm²），4种覆盖作物306 kg/hm²（黑麦草90 kg/hm²、白车轴草60 kg/hm²、早熟禾120 kg/hm²、红车轴草36 kg/hm²），8种覆盖作物320 kg/hm²（黑麦草45 kg/hm²、白车轴草30 kg/hm²、早熟禾60 kg/hm²、红车轴草18 kg/hm²、紫羊茅120 kg/hm²、长柔毛野豌豆14 kg/hm²、秋英18 kg/hm²、百日菊15 kg/hm²）。8种覆盖作物的园艺学特性见表6.1。

表6.1　8种覆盖作物的园艺学特性

物种	科属	生长周期	高度（m）	功能
白车轴草	豆科车轴草属	多年生	0.1～0.3	生物固氮
红车轴草	豆科车轴草属	多年生	0.2～0.3	生物固氮
长柔毛野豌豆	豆科野豌豆属	多年生	0.4～0.6	生物固氮
黑麦草	禾本科黑麦草属	多年生	0.3～0.9	生物量大、控制杂草
早熟禾	禾本科早熟禾属	多年生	0.1～0.3	生物量大、控制杂草
紫羊茅	禾本科羊茅属	多年生	0.4～0.6	生物量大、控制杂草
秋英	菊科秋英属	一年生	0.3～1.0	蜜源植物
百日菊	菊科百日菊属	一年生	0.3～1.0	蜜源植物

6.2 样品采集与分析

6.2.1 土壤样品采集

2018年7月进行土壤样品的采集，采用"S"形取样法，每个小区选取10个点，除去表面植被，使用直径为3 cm土钻取土，取0～20 cm土壤样品，再将同一小区土壤样品混合均匀，去除石块与根系，再采用"四分法"选取1 kg土样将其分为2份，其中一份迅速装入无菌封口袋，放入冰盒中带回实验室，存放于4 ℃低温保存，用于测定土壤速效养分含量，而另一份土样带回室内，让其自然风干，经研磨过筛后用于土壤理化因子的测定。

6.2.2 节肢动物样品调查与收集

节肢动物调查时间段为5—9月，从猕猴桃发芽到猕猴桃落叶。主要调查的是猕猴桃园中节肢动物群落的物种数与种群数目，以15 d为1次调查周期，假如遇到恶劣天气可延期调查，具体调查方法如下。

马氏网收集：将马氏网装置放置在果园中，下方瓶中倒入95%乙醇，底部除草，放置15 d，之后带回实验室分类鉴定。

陷阱法收集：每个小区埋设2组塑料杯（270 mL），3个为一组，装入1/3的肥皂水于杯子中，1 d后收集杯子并记录其中的节肢动物数量和种类，于实验室内进行分类鉴定。参考《昆虫分类学》鉴定到科。

6.2.3 测定方法与分析

土壤理化性质测定方法同3.2.2。

土壤节肢动物分类鉴别参考《昆虫分类学》鉴定到科。

$$H = -\sum p_i \times \ln p_i \qquad (6.1)$$

$$E = H / \ln S \qquad (6.2)$$

$$D = 1 - \sum p_i^2 \qquad (6.3)$$

式中：P_i为第i个物种数量占整个群落总数量的比例；S为群落中的物种数。

在Excel 2007软件对数据进行初步整理，之后使用SPSS 17.0进行方差分析与主成分分析。采用单因素方差分析对处理间显著性差异进行检验，并采用Duncan法进行多重比较。

6.3 覆盖作物对猕猴桃园土壤质量的影响

6.3.1 覆盖作物多样性对土壤理化性质的影响

覆盖作物种植对土壤理化性质影响见表6.2。2种覆盖作物种植处理的土壤全氮含量与对照相比无显著差异，4种覆盖作物和8种覆盖作物的土壤全氮含量显著高于对照。2种、4种和8种覆盖作物种植的土壤有机质含量均显著高于对照。2种、4种和8种覆盖作物处理土壤的硝态氮、铵态氮和速效磷含量均与对照相比无显著差异。

表6.2 不同覆盖作物种植下土壤理化性质的变化

处理	pH值	有机质 （mg/kg）	全氮 （mg/kg）	硝态氮 （mg/kg）	铵态氮 （mg/kg）	有效磷 （mg/kg）
CK	7.30 ± 0.21a	7.29 ± 0.01d	1.02 ± 0.02b	7.65 ± 1.56a	2.98 ± 0.35a	15.05 ± 0.99a
T1	7.46 ± 0.18a	9.84 ± 0.02c	1.01 ± 0.06b	5.96 ± 2.71a	2.47 ± 0.32a	15.41 ± 1.61a
T2	7.28 ± 0.01a	10.28 ± 0.03b	1.24 ± 0.02a	7.42 ± 2.67a	2.58 ± 0.14a	15.81 ± 0.62a
T3	7.19 ± 0.22a	10.94 ± 0.02a	1.12 ± 0.09a	6.03 ± 2.41a	3.26 ± 0.68a	15.72 ± 1.80a

注：同列数据后不同字母表示在0.05水平上差异显著。

6.3.2 覆盖作物对猕猴桃园土壤温度的影响

从图6.1得出，覆盖作物处理较对照处理相比，土壤温度均呈下降趋势。监测周期为6—9月，其中土壤温度最高在8月。在6月，覆盖作物处理的降温效果最明显，其中2种覆盖处理下降了2.9 ℃，4种覆盖作物处理下降了2.3 ℃，8种覆盖作物处理下降了1.5 ℃。在8月，4种覆盖作物处理与对照相比下降了0.3 ℃。在9月，4种覆盖作物处理温度下降了1.7 ℃，效果最佳。综合表现为T2>T1>T3。

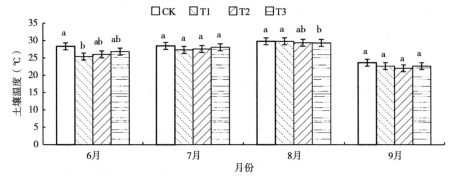

图6.1 不同覆盖作物处理对土壤温度的影响

（同一月份柱上不同字母表示在0.05水平上差异显著）

6.3.3 覆盖作物对猕猴桃园土壤含水量的影响

从图6.2可知，通过覆草处理后，土壤含水量与对照处理相比，都有显著提高。其中2种覆盖作物处理、4种覆盖作物处理、8种覆盖作物处理在观测期内增幅表现为T2>T3>T1，平均增幅分别为23.35%、17.23%、13.35%。说明猕猴桃园进行覆盖作物种植能够维持土壤较高的湿度，且不同覆盖作物的增湿效应有所差异。总体来看，4种覆盖作物增湿最为明显。

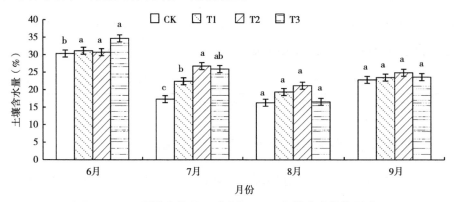

图6.2 不同覆盖作物处理对果园6—9月土壤含水量的影响

（同一月份柱上不同字母表示在0.05水平上差异显著）

6.3.4　覆盖作物对猕猴桃园土壤酶活性的影响

　　种植覆盖作物与自然生草处理的过氧化氢酶、碱性磷酸酶、蔗糖酶活性变化见图6.3。其中对过氧化氢酶活性，各种覆盖作物处理与自然生草处理相比，均能提高过氧化氢酶活性，但处理间差异不显著。4种覆盖作物和8种覆盖作物处理可显著提高碱性磷酸酶活性，2种覆盖作物处理的碱性磷酸酶活性与对照CK相比无显著差异，大小表现为T3>T2>T1>CK。4种覆盖作物处理和8种覆盖作物处理的蔗糖酶性高于CK，但无显著差异；2种覆盖作物处理降低了蔗糖酶活性。

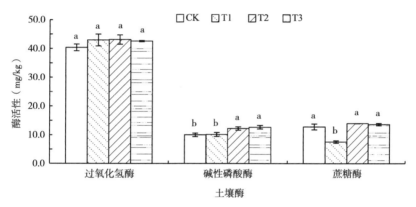

图6.3　不同覆盖作物对土壤酶活性的影响

（同一种酶柱上不同字母表示在0.05水平上差异显著）

6.4　覆盖作物多样性对节肢动物的影响

6.4.1　覆盖作物对猕猴桃园节肢动物群落结构的影响

　　对试验过程中收集到的昆虫进行分类、鉴定和统计，由表6.3初步得到的统计的结果：该猕猴桃园试验统计得到了3纲13目39科。所包含的目数和科数如下：直翅目共有4科，鳞翅目共有8科，鞘翅目共有4科，双翅目共有5科，膜翅目共有2科，隐翅目共有1科，半翅目共有6科，蜻蜓目共有2科，蜘蛛目共有3科，双尾目共有1科，蚰蜒目共有1科，山蛩目共有1科，革翅目共有1科。方差分析结果表明，各处理与对照之间的节肢动物个体总数存在显著差异，但是科数无明显差别。节肢动物个体总数不同由大到小分别为：T2>T3>T1>CK。

表6.3 猕猴桃园节肢动物群落结构变化

物种	处理	个体数	百分率（%）	科数	百分率（%）
直翅目 Orthoptera	CK	97 ± 8.76a	8.858	3	10.714
	T1	85 ± 4.99ab	5.39	4	11.111
	T2	70 ± 4.06b	4.274	4	10.256
	T3	78 ± 7.33ab	4.889	4	14.286
鳞翅目 Lepidoptera	CK	228 ± 20.28b	20.822	4	14.286
	T1	298 ± 9.24a	18.897	7	19.444
	T2	269 ± 20.17ab	16.422	8	20.513
	T3	318 ± 73.48a	19.975	7	25.000
鞘翅目 Coleoptera	CK	136 ± 17.70a	12.42	2	7.143
	T1	180 ± 65.80a	11.414	4	11.111
	T2	161 ± 32.30a	9.829	4	10.256
	T3	201 ± 17.17a	12.626	3	10.714
双翅目 Diptera	CK	196 ± 43.07a	17.899	5	17.857
	T1	186 ± 13.30a	11.795	3	8.333
	T2	251 ± 20.33a	15.324	5	12.821
	T3	239 ± 15.19a	15.013	5	17.857
膜翅目 Hymenoptera	CK	145 ± 13.65a	13.242	2	7.143
	T1	224 ± 47.82a	14.204	2	5.556
	T2	199 ± 8.11a	12.149	2	5.128
	T3	208 ± 18.42a	13.065	2	7.143

（续表）

物种	处理	个体数	百分率（%）	科数	百分率（%）
隐翅目 Siphonaptera	CK	1 ± 0.33a	0.091	1	3.571
	T1	5 ± 2.52a	0.317	1	2.778
	T2	2 ± 1.00a	0.122	1	2.561
	T3	2 ± 1.00a	0.126	1	3.571
半翅目 Hemiptera	CK	231 ± 4.67c	21.096	2	7.143
	T1	531 ± 14.11ab	33.672	6	16.667
	T2	609 ± 34.27a	37.179	6	15.385
	T3	467 ± 57.17b	29.334	6	21.429
蜻蜓目 Odonata	CK	15 ± 7.57a	1.37	2	7.143
	T1	11 ± 9.24a	0.698	2	5.556
	T2	10 ± 1.67a	0.611	2	5.128
	T3	10 ± 0.67a	0.628	2	7.143
蜘蛛目 Araneae	CK	21 ± 7.10a	1.918	3	10.714
	T1	11 ± 6.49a	0.698	3	8.333
	T2	36 ± 11.61a	2.198	3	7.692
	T3	34 ± 9.84a	2.136	3	10.714
双尾目 Diplura	CK	4 ± 2.33a	0.365	1	3.571
	T1	7 ± 2.03a	0.444	1	2.778
	T2	3 ± 2.33a	0.183	1	2.564
	T3	14 ± 9.21a	0.879	1	3.571
蚰蜒目 Scutigera coleoptrata	CK	12 ± 2.52b	1.096	1	3.571
	T1	27 ± 7.17a	1.712	1	2.778
	T2	16 ± 5.24ab	0.977	1	2.564
	T3	13 ± 3.76b	0.817	1	3.571

（续表）

物种	处理	个体数	百分率（%）	科数	百分率（%）
山蛩目 Spirobolus bungii	CK	3 ± 2.19a	0.274	1	3.571
	T1	2 ± 1.67a	0.127	1	2.778
	T2	1 ± 1.33a	0.061	1	2.564
	T3	4 ± 0.88a	0.251	1	3.571
革翅目 Dermaptera	CK	6 ± 1.45a	0.548	1	3.571
	T1	10 ± 3.06a	0.634	1	2.778
	T2	11 ± 1.33a	0.672	1	2.564
	T3	5 ± 1.20a	0.314	1	3.571
合计	CK	1 095 ± 84.89b	100.000	28	100.000
	T1	1 577 ± 128.01a	100.000	36	100.000
	T2	1 638 ± 21.61a	100.000	39	100.000
	T3	1 592 ± 81.20a	100.000	28	100.000

注：同列数据后不同字母表示在0.05水平上差异显著。

由表6.3可以看出，猕猴桃园中节肢动物个体数量占据较多的有半翅目、鳞翅目、膜翅目、双翅目、直翅目、鞘翅目。其中，在猕猴桃园中危害较大的是鳞翅目、半翅目。就半翅目节肢动物而言，其余各处理区的半翅目节肢动物的占比明显高于对照区。由各处理区中节肢动物的个体数百分比可以得出，优势群体主要为半翅目和鳞翅目。半翅目的个体所占比例依次为2种覆盖作物处理33.672%，4种覆盖作物处理37.179%，8种覆盖作物处理29.334%，自然生草21.096%。2种覆盖作物处理和4种覆盖作物处理之间个体数无明显差异，其余各处理之间差异显著。鳞翅目个体所占比例依次为2种覆盖作物处理18.897%，4种覆盖作物处理16.422%，8种覆盖作物处理19.975%，自然生草20.822%。个体数差异表现为CK>T3>T1>T2。对鳞翅目控制效果最好的是4种覆盖作物处理。

6.4.2 猕猴桃园节肢动物群落的多样性指数

由表6.4可知，4种覆盖作物处理的物种丰富度和个体数量最多，2种覆盖作物处理次之，自然生草处理最少。节肢动物的多样性指数和优势度指数2种覆盖作物处理最高，自然生草处理的多样性指数次之，4种覆盖作物处理最低，而自然生草的优势度最低。均匀度指数中，4种覆盖作物处理最高，2种覆盖作物处理次之，自然生草最低。

表6.4　猕猴桃园节肢动物群落的多样性特征

处理	物种数（S）	个体总数（N）	Shannon指数（H）	优势度指数（D）	均匀度指数（E）
CK	28	3 254	1.697	0.718	0.581
T1	36	4 770	1.717	0.764	0.629
T2	39	4 918	1.589	0.764	0.658
T3	28	4 771	1.664	0.755	0.592

6.5　讨论与结论

猕猴桃园种植覆盖作物可增加园中土壤的覆盖度，减少地表土壤水分的蒸散，提高土壤水分含量（王耀锋等，2014）；同时覆盖作物刈割物还田、根系分泌物等可以将养分返还到土壤中，从而增加土壤中养分含量，调节土壤酸碱度，有利于土壤有机质的形成（Couëdel et al.，2018）。本研究表明，黑麦草/白车轴草复合种植、黑麦草/白车轴草/早熟禾/红车轴草复合种植和黑麦草/白车轴草/早熟禾/红车轴草/紫羊茅/长柔毛野豌豆/秋英/百日菊复合种植的土壤有机碳含量均显著高于自然留养生草对照。

土壤酶活性反映土壤微生物活性和生化反应强度。土壤蔗糖酶参与土壤碳循环转化，其活性反映土壤碳转化强度。过氧化氢酶分解土壤中产生的过氧化氢，反映生物呼吸强度。本研究表明，黑麦草/白车轴草复合种植、黑麦草/白车轴草/早熟禾/红车轴草复合种植、黑麦草/白车轴草/早熟禾/红车轴草/紫羊茅/长柔毛野豌豆/秋英/百日菊复合种植均能提高土壤过氧化氢酶和碱性磷酸酶活性。徐凌飞等（2010）研究表明，生草栽培提高了梨园土壤过氧化氢酶和蔗糖酶活性。

Qian等（2015）研究表明，苹果园生草提高了脲酶和碱性磷酸酶活性。本研究与其研究结果一致，其主要原因是种植禾本科和豆科牧草，增加了土壤有机质含量，微生物可利用的营养物质增多，从而增加了土壤酶活性。

本研究猕猴桃园种植覆盖作物后土壤理化性质发生了变化，提高了土壤微生物多样性和酶活性。4种覆盖作物处理提高微生物利用碳源能力最强。4种覆盖作物处理和8种覆盖作物处理能显著提高土壤碱性磷酸酶活性。在本研究中，发现鳞翅目、直翅目、半翅目和蚰蜒目在各处理中存在显著性差异。在猕猴桃园的覆盖作物区节肢动物群落数量相对达到了一个控制效果，在各个覆盖作物区的节肢动物个体数在一定程度上得到提高。猕猴桃园覆盖作物处理区的节肢动物丰富度和个体数都要高于自然生草处理，其中对个体数的提高有显著性影响，表现为4种覆盖作物处理>8种覆盖作物处理>2种覆盖作物处理>自然生草处理。

通过对猕猴桃园种植覆盖作物对土壤理化性质、土壤微生物、酶活性、节肢动物群落的影响研究，筛选出了适宜的覆盖作物组合，得到4种覆盖作物处理（白车轴草、黑麦草、红车轴草、早熟禾）效果最好。

第7章　我国农业绿色转型的实践

现代生态农业是在保护、改善农业生态环境的前提下，按照生态学原理和经济学原理，运用现代科学技术成果和现代管理手段，能获得较高的经济效益、生态效益和社会效益的现代化农业。发展现代生态农业，推动农业可持续发展已逐步成为当今国际农业发展的主要潮流和方向。发展"资源节约型"和"环境友好型"现代生态农业成为世界各国农业科技研发重点。推进农业绿色发展是农业发展观的一场深刻革命。以湖北省大冶市、山东省庆云县和山东省莱州市为研究区，进行了绿色生态农业的研究探索。

7.1　湖北省大冶市生态农业技术体系研究

7.1.1　项目区概况

7.1.1.1　自然地理概况

大冶市为黄石市辖县级市，位于湖北省东南部，长江中游南岸，地处武汉、鄂州、黄石、九江城市带之间和湖北"冶金走廊"腹地。地跨东经114°31′—115°20′，北纬29°40′—30°15′。全市总面积1 566.3 km²，辖15个乡镇、街道办事处，1个国有农场，428个村，4 279个村民小组。大冶市地处我国南北方过渡地带，具有山地、丘陵、湖泊及滨湖小平原，山间小平原等多种地形。全市版图中丘陵占63%，低山占19%，平畈和湖泊各占9%。该市南部、东南部和西部边界分布有属于幕阜山余脉的低山群，平均海拔600~700 m，最高峰太婆尖的海拔为840 m。北部边界也有海拔50~150 m的低山。中北部属于海拔18~50 m的平畈与丘岗是主要的农业区域。境内地表水资源丰富，年均存水量14亿m³，河流过境径流量平均达7 460亿m³。境内有大冶湖、保安湖和三山湖3个大湖，还有面积在1 km²以上的小湖和水库35个。境内溪流如网，流域面积在10 km²以上的溪流有30条。

大冶市农业气候区划界于中亚热带和北亚热带之间，温暖湿润，从南到北的全年平均降水量在1 600~1 000 mm，多年最高和最低年降水量分别为1 929 mm和975 mm；年平均温度为17.5 ℃，冬夏的极端温度分别为-10 ℃和40.7 ℃，无霜期长达261 d。尽管年总降水量丰富，但是夏秋季节常发生持续无雨和高温天气，严重影响农业生产。大冶复杂的地貌和温暖湿润的气候条件造就了多样化的生态系统构成，丰富多样的生物资源和农林牧渔物产和矿产。大冶的主要土壤类型有5类。红壤类土壤分布面积最大，占56 666.7 hm²左右；水稻土面积也较大，有43 333.3 hm²左右（其中，潴育型水稻土占36 000 hm²左右）；其他还有石灰性土壤13 333.3 hm²、紫色土和潮土各3 333.3 hm²左右。农作物主要分布在中北部，主要栽培作物有水稻、小麦、红薯、棉花、芝麻、油菜、柑橘等。大冶市有46 666.7 hm²山场，可种植杉、松、竹、油茶等多种林木和果树，山区还有党参、贝母、百合、木耳、蘑菇、山野菜等200多种农林土特产品。

7.1.1.2 社会经济概况

大冶市是我国商品粮基地、粮食大县、农业综合开发示范区和生态农业示范县之一。也是我国工业原材料的重要供应基地之一，境内有273处大小矿床，铁矿、铜矿、煤矿、金矿、银矿和硅灰石矿在我国占有重要位置。大冶工业门类齐全，以冶金、机械、建材和煤炭为主，化工、轻纺、电力、食品、饲料等工业为辅，年产百万吨以上的拳头产品有铁矿石、水泥和煤炭3种，进入国际市场的产品有硅灰石粉、高压油管、热交换器、自卸拖车等30余种。乡镇企业以采矿、企业化种植与养殖业（包括水产养殖）和农产品加工业为主。

根据2003年调查统计资料，大冶市人口约87万人，其中农业人口65.42万人，农村劳动力25.57万人，从事农业劳动力13.66万人。从农业人口比重看，属于以农业为主的县，与我国江南丘陵地区的一般县份相似。大冶市于1999年跃居湖北省十强县之一。农民人均纯收入为2 711元。现有耕地面积48 090 hm²，常用耕地面积33 730 hm²，其中水田25 160 hm²，旱地8 570 hm²。有效灌溉面积19 020 hm²，旱涝保收面积14 190 hm²，机电排灌面积19 010 hm²。宜林面积46 666.7 hm²，其中已有林地面积21 733.3 hm²。可养殖水面15 866.7 hm²，其中已利用养殖水面12 600 hm²。

7.1.2　研究方法

采用灰色关联度分析的方法作系统分析。关联度的基本思想是根据曲线间相似程度来判断关联程度。作为一种技术方法，关联度是分析系统中各因素关联程度的方法；作为一种数学理论，该方法实质上就是将无限收敛用近似收敛取代，将无限空间的问题用有限数列的问题取代，将连续的概念用离散的数据列取代的一种方法。作为一个发展变化的系统，关联度分析事实上是动态过程发展态势的量化分析。确切说是发展态势的量化比较分析。

灰色关联分析包括下列3个步骤。

（1）原始数据的均值化，进行无量纲化处理。用每一个数列的均值 $\overline{x_i}$ 除其他数 $x_i(k)$，进行无量纲化处理。

（2）关联系数的计算。对于一个参考数列 x_0，有几个比较数列 x_1，x_2，$\cdots$，x_n 的情况，可以采用下述关系表示各比较曲线与参考曲线在各点（时刻）的差。

$$\xi_i(k) = \frac{\min\limits_{i}\min\limits_{k}\left|x_0(k)-x_i(k)\right| + \rho\max\limits_{i}\max\limits_{k}\left|x_0(k)-x_i(k)\right|}{\left|x_0(k)-x_i(k)\right| + \rho\max\limits_{i}\max\limits_{k}\left|x_0(k)-x_i(k)\right|} \qquad (7.1)$$

式中：$\xi_i(k)$ 为第 k 个时刻比较曲线 x_1 与参考曲线 x_0 的相对差值，这种形式的相对差值称为 x_i 对 x_0 在 k 时刻的关联系数；ρ 为分辨系数，取0.5。

（3）关联度计算。关联系数的数很多，信息过于分散，不便于比较，为此有必要将各个时刻关联系数集中为一个值，求平均值便是做这种信息集中处理的一种方法。

关联度的一般表达式为：

$$r_i = \frac{1}{N}\sum_{K=1}^{N}\xi_i(k) \qquad (7.2)$$

式中：r_i 为曲线对参考曲线 x_0 的关联度；N 为关联因子个数。

一般认为，r_i 越大，则此因素对参考因素的作用越大。

7.1.3 大冶市农业生态经济系统诊断

大冶市的农业体系与全国其他地方的农业体系一样，由于悠久的传统农业、长期计划经济和常规现代化农业技术的影响，当前处于一种计划经济与市场经济、传统有机农业与常规现代农业综合作用下的混合体系阶段。这种现状的基本表现是资源浅层次开发度高而利用效率低，初级农产品产量高而效益低，生态环境恶化。大冶市从1995年在湖北省农业厅指导下开始尝试发展生态农业，自主建立了6个不同类型的生态农业试点，取得了一些初步成效，2000年申请加入全国第二批生态农业县建设计划。生态农业属于一种生态—经济系统工程（马世骏等，1984），像桥梁工程没有固定样式和必须依当地条件来设计一样，生态农业建设必须通过对当地生态—经济系统诊断来判明环境资源优势、缺陷、现有基础和发展潜力，然后作出因地制宜的规划设计。

7.1.3.1 诊断依据的主要科学原则

（1）系统分析原则。从农业整体来看，它不仅是习惯上认为的一个经济（或产业）系统，而是一个社会经济与生态系统结合构成的"生态—经济复合系统"，下面又有许多子系统，因此，又是一个有多相和多层次结构的复杂体系。诊断分析必须有全面调查、单元解剖和系统整合3个过程。

（2）可持续发展原则。"生态—经济复合系统"是一个有机结合的整体，像一个可持续运行的自然生态系统一样，它的可持续性取决于是否同时具有"整体、协调、循环、再生"的4个基本特性，这是对系统整体诊断要着重分析的4项指标。同时，诊断不能只看当时的投入—产出分析，还要看系统的生态—经济基础的变化（主要是环境资源变化、社会生产力变化、作为基础经济环节的种植业变化、产业结构多样化和链状协调性变化以及市场适应性变化）；不仅要看综合经济效益，还要看社会效益和生态效益以及三大效益的兼顾与协调程度。

（3）比较和逻辑分析原则。逻辑分析是基于系统论与可持续发展原则，做指标间强弱比较和综合分析。逻辑分析比较方法的参照对象包括全国同类指标的平均水平，以确定该区域在全国的水平地位；相似区域的同类指标，以确定发展质量与当前易发掘的潜力；本区域近时期（或当年）与以往的同类指标对比，以确定发展趋势。

7.1.3.2　系统结构层次

农业生态经济系统是一个典型的灰色系统，系统内部各因素之间的关系十分复杂，一些外在表现、变化的随机性容易使人产生错觉，得不到正确全面的信息，抓不住主要矛盾。本文采用灰色关联分析方法和数理统计方法相结合的方法，剖析大冶市农业产业结构现状，使灰色系统各因素之间关系明了化。找出大冶市农业产业结构中存在的问题，指出其今后应重点发展的产业，这对于完善大冶市农业系统结构，增强系统功能，促进其整体功能的发挥至关重要。

据1999—2003年大冶市的统计资料和实地调查，将系统结构分为4个层次，按照灰色关联的要求，将每一个层次视为一个总体进行关联分析（图7.1）。

图7.1　大冶市农业产业系统结构层次

7.1.4　大冶市各产业的灰色关联分析

7.1.4.1　工农业总产值与农业、非农产业产值的灰色关联分析

由表7.1可以看出，非农产业产值与总产值的关联性最大，达到了0.924。说明非农产业对工农业总产值的贡献最大，成为大冶市农业结构中的重要支柱。减轻了农民对土地的依赖程度，缓解了土地压力，促进了农村生态系统的结构优化。但是由于多年来对矿产资源的浅层次开发度高而利用率低，导致生态系统破坏严重。全市约有10%的土地属于尚待治理的采矿迹地和重金属污染区。今后在发展工业中，一定要注意对环境的保护。

表7.1　大冶市农村生态系统的灰色关联分析

项目	1999年	2000年	2001年	2002年	2003年	关联度	排序
工农业总产值（万元）	1 536 025	1 696 598	1 808 821	1 995 536	2 343 821		
农林牧渔总产值（万元）	123 784	127 048	142 148	146 380	164 328	0.561	2
非农产业总产值（万元）	1 412 241	1 569 550	1 666 673	1 849 156	2 179 493	0.924	1

资料来源：大冶市农业统计年鉴1999—2003。

7.1.4.2　农业产值与种植业、林业、牧业、渔业产业的灰色关联分析

由表7.2可知，农业总产值与各因素的关联度和关联序的大小顺序为种植业＞渔业＞牧业＞林业。可见种植业对农业总产值的影响最大。渔业和牧业的影响也很大，但是林业的关联度最小，说明林业产值对农业总产值的贡献最小，但从生态学的角度考虑，一定面积的营林是必须的。大冶市地形平缓区域普遍被开垦（耕地占版图面积的32%）平缓农区和部分坡地的自然植被破坏严重，这些区域只能见到近年种植的幼树，全市有林地面积21 733.3 hm²，仅占版图面积的13.3%，缺乏树林覆盖是大冶的一种突出景观现象。由于雨量较丰富，无树的山坡、农田地埂和其他荒地通常被茂密的茅草、小灌丛类植被覆盖，起到了一定的防护水土流失的作用，并且具有作为草场利用的较大潜力，这样的草场总面积约有1 733.3 hm²。由于低山和丘陵总面积大，有林地少和采矿剥离等原因，水土流失威胁严重，有水土流失面积665 km²，占版图面积的42%，平均每年流失土壤达2 170 000 t，合1 386 t/（km²·a），相当于当前水土流失较严重的贵州省的平

表7.2　大冶市农业结构的灰色关联分析

项目	1999年	2000年	2001年	2002年	2003年	关联度	排序
农林牧渔总产值（万元）	123 784	127 048	142 148	146 380	164 328		
农业产值（万元）	63 501	63 922	67 398	69 621	79 406	0.869	1
林业产值（万元）	2 187	1 106	1 263	2 104	2 959	0.446	4
牧业产值（万元）	33 338	36 256	43 616	43 817	46 247	0.828	3
渔业产值（万元）	24 758	25 764	29 871	30 838	30 805	0.849	2

资料来源：大冶市农业统计年鉴1999—2003。

均程度。因此要使大冶市农业结构系统更进一步优化，在稳定种植业、牧业、渔业的同时，必须加大力度对林业的投资。

7.1.4.3 种植业产值与主要作物产值的灰色关联分析

种植业中，各主要作物的关联度和关联序的大小顺序为谷物>油料>薯类>蔬菜瓜果>其他>棉花>糖类>麻类>豆类。大冶长期的农业习惯是稻田种完水稻种油菜，而且这种方式有利于耕地的高效合理利用。全市水稻优质率已达到95%，油菜品种从1999年开始连续4年实现优质化。因此，水稻种植与油菜种植仍应该坚持。蔬菜瓜果对农业产值的收入的影响位居第四，从表7.3中可以看出蔬菜瓜果的产值近几年迅速增加。今后应利用有利的交通条件，拥有黄石市、武汉市等得天独厚的农产品市场，扩大无公害蔬菜瓜果的供应量和市场占有率。以陈贵大畈蔬菜瓜果大棚建立，保安等地蔬菜露地栽培为基点，结合太子山生态果园，丰植庄园等建设逐步推动大冶无公害蔬菜瓜果业的发展和壮大。

表7.3 种植业与主要作物的灰色关联分析

项目	1999年	2000年	2001年	2002年	2003年	关联度	排序
农业（万元）	63 501	63 922	67 398	69 621	79 406		
谷物（万元）	29 813	22 587	24 683	24 960	25 024	0.818	1
豆类（万元）	1 833	2 974	3 218	2 287	2 751	0.522	9
薯类（万元）	5 048	5 945	5 990	6 210	7 940	0.741	3
棉花（万元）	516	583	403	681	1 015	0.606	6
油料（万元）	5 929	6 808	7 658	6 502	8 430	0.757	2
麻类（万元）	462	599	734	756	1 440	0.525	8
糖类（万元）	199	355	197	249	250	0.558	7
蔬菜瓜果（万元）	15 657	19 089	18 250	21 253	25 458	0.734	4
其他（万元）	4 044	4 982	6 265	6 723	7 098	0.641	5

7.1.4.4 林业的灰色关联分析

林业中，各因素的关联度和关联序的大小顺序为营林>竹木采伐>林产品（表7.4）。由此说明大冶市林业产值主要来自营林。竹木采伐虽然是林业的收入来源之一，但目前大冶森林覆盖率很低，扩大木材采伐量与生态保护的原则不一致，应加以制止。林业在该区的主要作用是发挥其保持水土、涵养水源及防风固沙等生态效益和社会效益，而不在于其直接经济效益。

表7.4　林业的灰色关联分析

项目	1999年	2000年	2001年	2002年	2003年	关联度	排序
林业（万元）	2 187	1 106	1 263	2 104	2 959		
营林（万元）	1 005	552	510	1 156	1 887	0.653	1
林产品（万元）	167	176	195	149	213	0.378	3
竹木采伐（万元）	1 015	378	558	799	859	0.642	2

7.1.4.5　牧业的灰色关联分析

牧业中，各因素的关联度和关联序的大小顺序为猪>活畜禽产品>家禽>大牲畜>羊>其他。养猪业是大冶市畜牧业的主要收入来源，其关联度最高，说明大冶市猪产业得到了很大程度发展，这和当地生猪采取配方饲料关系密切，目前大冶市生猪远销往广东等地。家禽饲养也是主要收入来源，其中又以养鸡为主。畜禽产品数量虽多，但产值较低。以生产初级产品为主，今后应延长产业链，加强产后加工，增加产品附加值。

表7.5　牧业的灰色关联分析

项目	1999年	2000年	2001年	2002年	2003年	关联度	排序
牧业（万元）	33 338	36 256	43 616	53 817	46 247		
大牲畜（万元）	551	565	565	595	202	0.867	4
猪（万元）	24 884	28 454	35 135	33 891	35 485	0.961	1
羊（万元）	29	37	38	65	124	0.827	5
家禽（万元）	4 207	3 781	4 249	5 177	5 758	0.934	3
活畜禽产品（万元）	3 581	3 331	3 540	3 930	4 613	0.941	2
其他（万元）	86	88	89	10 159	65	0.142	6

7.1.4.6　渔业的灰色关联分析

渔业中，各因素的关联度和关联序的大小顺序为鱼类>贝类>虾蟹类>其他。养鱼是渔业产值的主要来源，鲜鱼产品的加工是重要的收入来源。但渔业商品率很低，主要是内销，目前所产水产品还不能满足大冶市人民的需要，还需要外销。今后应以保安湖区水产养殖区为主点，逐步实施生态渔业养殖，推动大冶市水产养殖向生态合理化方向发展。

表7.6　渔业的灰色关联分析

项目	1999年	2000年	2001年	2002年	2003年	关联度	排序
渔业（万元）	24 758	25 764	29 871	30 838	30 805		
鱼类（万元）	19 553	18 699	21 872	22 433	22 273	0.901	1
虾蟹类（万元）	4 260	5 339	5 567	5 924	5 783	0.851	3
贝类（万元）	15	16	18	19	21	0.857	2
其他（万元）	930	1 710	2 414	2 462	2 728	0.559	4

7.1.4.7　非农产业的灰色关联分析

非农产业的灰色关联分析表明，农村工业是非农产业的总产值的最主要来源。大冶市是我国工业原材料的重要供应基地之一，境内有273处大小矿床，铁矿、铜矿、煤矿、金矿、银矿和硅灰石矿在我国占有重要位置。工业的发展为农业的发展提供了资金，但在发展工业的过程中，一定要注意对环境的保护。大冶市号称旅游胜地，旅游业带动其相关产业餐饮、住宿、批发零售等的发展。但从关联度看，批发零售、餐饮相对其他产业并没有太大优势。旅游整体发展规模优势还没有发挥出来，尚具备较大的发展潜力（表7.7）。

表7.7　非农产业的灰色关联分析

项目	1999年	2000年	2001年	2002年	2003年	关联度	排序
非农产业总产值（万元）	1 412 241	1 569 550	1 666 673	1 849 156	2 179 493		
农村工业（万元）	913 426	1 062 757	1 135 338	1 255 593	1 571 270	0.796	1

（续表）

项目	1999年	2000年	2001年	2002年	2003年	关联度	排序
建筑业（万元）	258 106	261 918	262 519	290 941	296 770	0.658	2
运输业（万元）	68 465	70 345	71 843	86 406	88 753	0.654	3
批发零售、餐饮（万元）	172 244	174 530	196 973	216 216	222 700	0.643	4

7.1.5 大冶市农业可持续发展的主要限制因子和优势分析

7.1.5.1 大冶市农业可持续发展的主要限制因子

近年来，大冶市的农业生产得到了长足发展，特别是经过省级生态农业试点县（市）建设，农业生产条件发生了显著变化。但是制约大冶市农业可持续发展的障碍因子还有很多，主要表现在以下几个方面。

（1）水体、耕地被污染，水土流失严重。大冶市作为全国有名的炉冶之乡，在取得社会和经济效益的同时，为当地带来了严重的生态环境问题。水体受到严重的重金属污染，有的湖底沉积物有98.5%受到不同程度的污染，有的湖受到煤矿废水排放的影响。耕地污染。工矿"三废"使全市1/3的耕地受到不同程度的污染，每年因污染而损失粮食600万kg。大冶市的水土污染主要是工矿"三废"造成的。特别是一些大型矿山企业在开采和洗矿的过程中所形成的废渣、废水，给周边的生态环境带来严重破坏。大冶市共有宜林面积46 666.7 hm²，其中已有林地面积21 733.3 hm²，仅占宜林面积的46.57%。由于森林覆盖率低，山石裸露，极易形成地面径流，水土流失严重。

（2）农业生产基础还比较薄弱，抗御自然灾害的能力较差，发展后劲不足。农田大量施用化肥、农药，农民对土地的采取的掠夺式经营，致使土壤肥力下降，病虫害发生频繁。丘陵区机械化程度偏低，虽然年均降水量多于平原，但是夏秋季节常发生持续无雨和高温天气，严重影响农业生产。

（3）农业产业结构不尽合理，农产品商品率偏低。多数乡镇还停留在计划经济模式的基础上，仍未摆脱重农、轻牧、轻林、轻商的状况，农村市场发展迟缓滞后，农产品商品率和价格偏低，无公害产品的产业发展缓慢。由于重工轻农思想的影响，对农业的重视和发展相对不足，农业产业结构简单，生产效率低下，蔬菜瓜果业和园林绿化业等发展欠缺，农产品加工业发展滞后等问题。

（4）农产品加工链条脱节和市场供需不配套。缺乏深加工产业，多层次加工转化率则更低，致使绝大部分农产品以初级产品外流，利润很低，直接影响了农业的再投入。目前，大冶市农产品中大路产品、低档产品、原料型产品多，优质产品、特色产品、深加工产品较少。农产品品质与需求结构矛盾仍很突出，而且常常出现谷贱伤农、果贱伤农、菜贱伤农的状况。农业产业化水平低，农民人均纯收入增长缓慢。

（5）农业科技服务力量有待提高。大冶市农业科技体系的县、乡两级体系较完整，设有农技推广、良种繁育、农业培训、畜牧兽医、环保站等，各乡都设有农技站。但农技人员总人数仅122人，其中农业科技与服务人员39人，中高级农业技术人员89人。农、林、牧、渔行业技术人员是劳动力中对农业发展最具潜力和价值的一部分。

7.1.5.2　大冶市农业发展的优势与潜力

（1）自然条件优越。大冶市农业气候区划界于中亚热带和北亚热带之间，温暖湿润，四季分明，光、热、水同季节相协调，适宜多种植物生长。农业资源和旅游资源丰富，后备潜力较大。降水量较为充沛，通过采取工程措施与生物措施相结合进行治理后，能够提高可利用水资源总量，基本解决农业用水问题。

（2）地理位置优越，有利于产品外销。大冶市地处武汉、鄂州、黄石、九江城市带之间和湖北"冶金走廊"腹地。交通便利，通信发达，已形成公路、铁路、水路相配套的交通体系。可以方便地销售农副产品，提高农产品商品率。拥有黄石市、武汉市等得天独厚的农产品市场，农业深度开发的潜力大，整体经济发展水平较高。

（3）劳动力资源充足。2003年乡村劳动力资源合计53.16万人，现有耕地48 090 hm²，人均耕地经营耕地面积不足0.09 hm²，在现阶段农业生产水平条件下，劳力资源的总量除满足农业生产需要外，常年有10.32万劳动力从事工、副业生产，季节性的剩余劳动力更多，完全能满足大冶市进行各种开发性经营需求。劳动力的文化素质总体水平较高，为粮、油生产以外的开发性生产和高新技术的应用奠定了基础。

（4）农产品加工业已有一定的基础。大冶市金牛优质米厂依托大冶市的优质稻生产基地，创出了"金牛米"品牌国际一级优质米品牌，产品销往全国各地。大冶市灵溪风味食品有限公司目前已配套优质大豆种植基地2 000亩（1亩≈667 m²），优质水果种植基地3 000亩，建成了鄂东南地区最大的水果综合加工基地，年加工能力达3 000 t，其主导产品"灵溪豆豉""灵溪酱油""天天红"水果系列等深受消费者青睐，畅销本地市场，并远销河南、山西、江苏、浙江、江西、上海等省市。

（5）生态农业建设基础较好。经过近几年来的生态农业示范点建设，在一些村、户建成了一定数量的生态农业示范点，运行效果总体较好，培养除了一批热心生态农业建设的农民技术员，周围群众的积极性较高。到2003年底，全市社会总产值达到23.43亿元，部分乡镇计划把每年总收入的30%用于生态农业建设，为生态农业建设提供了资金保障。

7.1.6　大冶市今后应重点发展的产业

根据以上分析的大冶市农业产业结构中存在的问题和农业发展的优势与潜力，根据产业结构合理化原理，合理的产业结构首要条件是应使资源得到充分利用。资源被充分利用不仅体现在资源利用效率高，不存在闲置和浪费，而且也体现在资源的多种用途都被极大地利用。项目组认为大冶市今后应重点发展以下产业。

7.1.6.1　旅游业

旅游业的发展可带动批发零售、餐饮、运输等第三产业的发展，既可增加农民的收入，又可减轻农民对土地的依赖性和土地的生产压力，有利于改善生态环境。大冶市陈贵镇利用本地资源开发了小雷山、大泉山等旅游景点。今后应有计划地恢复名胜古迹，设计合理的观光路线，保护自然景观的完整性。依据田园风光和季节的不同，设计一条科学的旅游路线。积极进行旅游基础设施建设，逐步纳入湖北"荆楚"旅游网络。做好旅游配套服务工作及纪念品开发，带动景区内第三产业发展。加强小雷山、大泉山风景区的建设，特别是植被保护与绿化。

7.1.6.2 绿化用苗木花卉草坪产业

大冶平原绿化率很低，丘陵地树木也很少，是大冶气候灾害严重的原因之一。随着大冶矿产资源的开发，大量废迹地有待复垦、整治，而且随着人们生活水平和生活质量的提高，对环境的绿化美化也有了更高的要求。苗木花卉草皮业在大冶无疑是一项很有发展前景的朝阳产业。这不仅是生态建设之需，而且也是美化环境美化生活之需，应该大力发展。目前，大冶市局部地区花卉苗木的发展已显示出了一些活力。以现有花卉苗木开发为基点，结合小雷山景区、九桥水上娱乐风景区建设，建设花卉、苗木、草皮等基地，进一步推进这一产业的发展。

7.1.6.3 无公害蔬菜瓜果种植业

大冶市农业在传统上以种植水稻、油菜为主，并有柑橘等多种果品生产，蔬菜没有形成产业。根据大冶的实际在促进水稻、油菜优质化的同时，进一步发展果品种植业和无公害蔬菜种植业。在现有基础上进一步整合资源、优化品种、抓好基地建设、尽快培养一批专业户、专业村，同时，培育和开拓市场，搞活流通，扩大无公害蔬菜瓜果的供应量和市场占有率。

7.1.6.4 "猪—沼—菜（果）"为代表的生态型畜牧养殖业

从前面分析可知，大冶畜牧业在农业产值中占有相当的份额，也具有传统优势。但大冶传统的畜牧业以农户养殖的小型分散副业为主，主要是以家庭散户生猪和家禽养殖为主，生产水平尚有待挖掘；同时部分规模养殖场也存在环境污染问题，系统效应不经济。拟通过建立"猪—沼—菜（果）"系统工程，构成生态型养殖产业典型，推动大冶畜禽养殖业向产业化和生态化方向的发展。大冶具有占版图80%的丘陵低山的土地优势，但是牧草饲料种植业近于无，具有发展生态化和规模化养殖业的巨大潜力。

7.1.6.5 农产品加工业

大冶市农民生产的多为初级农产品，出售的也多为初级农产品，在市场上缺乏竞争力，经济效益低。农产品加工业发展滞后，使整个农业基本处于原料生产和原料供应的地位，大量的农畜产品失去了加工增值的机会。大冶市交通便利，拥有黄石市、武汉市等得天独厚的农产品市场，农业深度开发的潜力大。今后应进行农业产业化经营，延长农产品的产业链，增加农产品的附加值。

7.2 山东省庆云县农业绿色转型实践

7.2.1 项目区概况

7.2.1.1 地理区位

山东省地处北纬34°22.9′—38°24.0′，东经114°47.5′—122°42.3′。山东是环渤海经济圈的重要组成部分，位于黄河下游，东临渤海、黄海，与朝鲜半岛、日本列岛隔海相望，与辽东半岛隔着渤海湾相望，是东北亚经济区的腹地和环太平洋经济带的重要组成部分。特殊的地理位置使山东省成为沿黄河经济带与环渤海经济区的交会点，在全国经济格局中占有重要地位。全省土地总面积15.79万km²（折合2.37亿亩）。山地丘陵占全省总面积的34.9%，平原盆地占64%，河流湖泊占1.1%。东部半岛以丘陵为主，鲁中南有较多的中山和低山，黄河贯穿鲁西南和鲁北，形成大面积泛滥冲积平原，黄河入海口不断淤积延伸，构成黄河三角洲。

庆云县位于山东省西北平原北部、德州市东北部，地处山东、河北两省，滨州，沧州，德州三市交会处。地理坐标为东经117°22′，北纬37°22′。北以漳卫新河为界，与河北省的盐山县、海兴县隔河相望，东与无棣县毗邻，南与阳信县接壤，西与乐陵市交界，位于华北、胜利、大港三大油田中心，是连接华南、华北、东北、北京、天津的重要交通枢纽，素有"京津门户""山东北大门"和德州"桥头堡"之称，地处京津冀协同发展示范区、黄河三角洲高效生态经济区两大国家战略和山东新旧动能转换综合试验区、山东省会城市群经济圈、西部经济隆起带三大省级战略的叠加融合区域之内。现辖1个经济开发区、1个街道办、5个镇、3个乡，117个管理型社区，59个行政村，381个自然村。

7.2.1.2 自然条件

（1）气候条件。庆云县属暖温带半湿润季风性气候，气候温润，光照充足，无霜期年均207 d。受季风型大陆性气候影响，冬季多偏北风，夏季多偏南风。年平均气温12.4 ℃，以1月最低，平均1~4 ℃，7—8月气温最高，平均24~26.3 ℃。年平均降水量579.8 mm，年内降水分配不均匀，其中汛期6—9月最为集中，为461.6 mm约占全年降水量的79.5%。年平均水面蒸发1 355.1 mm。年平均日照时数2 510.1 h，年均太阳辐射总量129.24 kcal/cm^2，平均日照率61%，其中2月、3月、9月的日照百分率均在60%以上，9月最大为65%，12月最小为31%。

（2）地形地貌。庆云县为华北平原的一部分，由黄河冲积而成，地势低平，地形略有起伏，地势由西南向东北倾斜，地形最高处海拔高程10.1 m，最低处海拔5.1 m，全线平均地面高程为海拔7.5 m。全县土壤主要有潮土类和岩石类2种，质地分为沙质、壤质和黏质，以质地适中的壤质土为主。

（3）水文水系。境内有北向南漳卫新河（境内长32.5 km）、马颊河（29.5 km）、德惠新河（32 km）斜穿过境，主干沟渠有漳马河、大胡楼干沟、大淀干沟、甄家洼干沟、窦家洼干沟、跃进渠、十八苦水村引水渠、马东干渠、马西干渠、范官沟。1996年建成严务水库一座，库容为1 500万m^3。水利工程众多，有南杜拦河闸、大道王拦河闸、大淀拦河闸、大刘拦河闸，马东、马西、冯家、杨家四大国有电灌站，中型平原水库一座，库容为1 500 m³，小农水泵站100余座，为农业生产提供水资源保障。

（4）自然资源。庆云县物产资源丰富，自然植被主要有草甸植物、盐化植物、水生植物等类型。

7.2.1.3　社会经济

（1）经济基础。2021年，庆云县完成国内生产总值186.5亿元，按可比价格计算，比上年增长7.9%，其中第一产业增加值14.35亿元，增长7.9%；第二产增加值66.99亿元，增长6%；第三产业增加值105.16亿元，增长9%。三次产业结构为7.7∶35.9∶56.4。全县农林牧渔业总产值达36.93亿元，同比增长8.7%。

（2）社会发展。2019年末，庆云县户籍总人口344 046人，其中城镇人口105 864人，农村人口238 182人。全县出生率13.1‰，死亡率5.4‰，人口自然增长率7.7%。拥有11个少数民族，其中，回族占少数民族总人口的95%。城市居民人均可支配收入28 240元，增长8%，农村居民人均可支配收入15 390元，增长

9.1%。基本养老保险参保职工7 625人，基本医疗保险参保职工人数16 531人，失业保险参保人数16 315人。城乡居民享受最低生活保障1 800户、1 942人，农村五保供养人数1 252人。2020年，庆云县70个省定扶贫重点村全部脱贫退出，1 777户3 208人建档立卡贫困户全部稳定脱贫。

（3）道路交通。庆云县距北京280 km、雄安新区150 km、济南机场120 km，境内国道205和233线贯通南北，国道339线、德滨高速连通东西，周边环绕着京沪高速、荣乌高速，国家新规划的京沪高铁二线将在庆云县附近设站，是连接华南、华北、东北和北京、天津的重要交通枢纽。

（4）土地利用。全县陆地总面积5.02万hm²，其中耕地面积2.41万hm²，种植园用地0.05万hm²，林地0.67万hm²，草地0.02万hm²，城镇村级工矿用地0.93万hm²，交通运输用地0.13万hm²，水域及水利设施用地0.72万hm²。

7.2.2　农业农村发展现状及农业绿色发展转型障碍

7.2.2.1　农业农村发展总体情况

庆云县推进农业供给侧结构性改革，加快提高农业供给质量，粮食生产连年丰收，特色产业提质扩面，农业综合生产能力大幅提高，农村改革深入推进，农民收入持续增加，农业农村发展呈现稳中向好、稳中向优的良好态势。

（1）农产品生产能力稳步提升。庆云县主要以小麦—玉米轮作为主，小麦播种面积2.13万hm²，玉米播种面积2.09万hm²，蔬菜种植面积0.23万hm²，中药材种植面积0.02万hm²，水产养殖面积达0.06万hm²。2021年粮食综合生产能力27.69万t，蔬菜总产量14.38万t，肉类总产量2.24万t，水产品产量0.37万t，禽蛋产量1.91万t。

（2）农业生产体系不断健全。全县25万亩粮食生产功能区划定已完成成图入库工作，7.6万亩粮食高质高效创建工作稳步推进。土地整治工作扎实开展，依托庆裕等农业龙头企业，重点实施2个片区、4个乡镇土地综合整治工作，新增耕地0.42万亩。整合涉农资金500万元用于农田基础设施完善提升，努力补齐农田设施短板。做好小型农田水利工程维修养护工作，促进小农水工程持续发挥效益。

（3）农业经营体系不断提升。2018年，庆云县被列为"全国农民专业合作社质量提升整县推进试点县"。县级"三农"综合服务中心实现功能升级，规划建设了智慧农业平台，县级以上示范社、示范场达到176家，"三品一标"认证农产品数量达到97个，粮食作物耕种收综合机械化水平达97%，获批"省级社会化服务标准化建设试点县"。现有农业企业27家，其中省级龙头企业4家，市级龙头企业11家。

（4）农产品质量安全稳步推进。2018年，庆云县规划了304 km²的全域农业生态保护区，创立了农产品区域公用品牌"食在庆云"，成功创建"省级农产品质量安全县"。2021年以来累计抽检农产品634批次，合格率99.4%以上。新增绿色食品认证21个，新增产地认证面积15 900亩，新增无公害认定企业8家，无公害农产品认定58个，新增产地认证面积182 820亩。截至目前，全县"三品一标"认证企业18家，认证产品数量97个，比2015年增加39个。认证产地总面积42.3万亩，占全县食用农产品面积的93.5%。"食在庆云"农产品区域公用品牌已注册设立，12个农产品商标获得认证。

（5）一二三产融合发展扎实推进。一产初步形成了以河谷舜天、水发为龙头的粮菜种植业，以牧原、傲农为龙头的畜禽养殖业。二产形成了以鲁花、鲁庆、中天为龙头的面粉加工业，以绿友、格瑞果汁为龙头的果蔬加工业，以和美为龙头的畜禽产品加工业，以六和、海博农牧为龙头的饲料加工业，以沃森为龙头的中草药种植加工业。三产形成了水发、航天绿园为龙头的休闲农业产业等。在乡镇产业经济发展方面，严务乡、尚堂镇、常家镇分别获批2020年、2021年、2022年省级产业强镇。国家级石斛小镇获评"全国最美特色小镇""全国特色小镇50强"。

（6）农村基础建设与发展。"十三五"以来，庆云县累计完成高标准农田建设面积14.6万亩，完成粮食生产功能区划定面积25.01万亩。充分发挥美丽乡村示范村的引领带动作用，累计创建省级美丽乡村示范村12个、市级美丽乡村示范村4个、县级美丽乡村示范村90个，村容村貌整体改观，基础设施不断完善，生产生活条件全面提升，农村人居环境明显改善。打造省市级清洁村庄99个、县级清洁村庄199个，农村环境卫生质量实现大幅提升。结合农村承包地确权颁证成果，依托国家现代农业产业园、水发田园综合体等现代农业项目，引导和动员广大新型农业经营主体通过转包、租赁、入股、合作经营等多方式流转土地，全面推进农业适度规模经营，累计流转土地23.6万亩。

7.2.2.2　农业绿色发展转型障碍

（1）面向可持续发展的农业绿色转型的规划存在不足。庆云县可持续农业现行规划涉及面虽然较齐全，但也存在不足：一是提出了区域生态安全格局构建的需求，但具体实施层面缺乏技术措施储备与组织推广机制；二是对农田生产系统及周边综合景观稳定性对保障农田生产力提升的重视不够；三是农业生物多样性和生态景观保护的支持机制与政策缺乏；四是对可持续农业新技术应用与推广的生态补偿机制尚缺失。

（2）面向可持续发展的农业绿色转型新技术推广力度不够。庆云县在农业生产中应用绿色转型新技术有限且推广力度不够，距农业高质量绿色发展有一定差距。主要原因：一是政府、农业企业、农民合作社和种植户缺乏农业绿色转型的思想意识，尤其是农业生物多样性保护公益性强，投入产出近期效益不易获得；二是支持农业绿色转型的技术规范不足，管理与从业者对农业绿色转型新技术的推广应用能力欠缺；三是用于支持农业绿色转型的政策及资金不足，现有资金仅覆盖了高标准农田建设、化肥减量、病虫害统防统治和有机肥替代等。

（3）支持农业绿色转型的农产品价值链较弱。庆云县拟在"十四五"加快构建"企业主体、政府背书、部门联动、社会参与"的品牌建设机制，用好"食在庆云"农产品区域公用品牌，同时加快推进"互联网+现代农业"发展模式，积极搭建网络销售平台。然而农产品价值链依赖绿色种植、精深加工、产品附加值提升、品牌溢价和销售渠道，一二三产融合有待加强。突出问题主要有：庆云县农业规模小、涉农多，完成土地流转组建的农业经营主体重农产品种植与加工，缺乏产业文化价值挖掘，也缺乏技术升级动力，产业效益不高限制了利益分配向农民倾斜，影响了农民在价值链中的参与度，对农户的增收带动效应较弱。

（4）农业绿色转型知识共享和交流机制及平台不健全。庆云县尚未建立面向可持续发展的农业绿色转型利益相关方的知识共享和交流平台，政府核心引领作用未得到体现，尚未构建知识成果共享机制，无法吸引尽可能多的公共和私人投资加入面向可持续发展的农业生态系统转型项目。

7.2.3　项目设计目标、设计原则、总体思路及技术路线

7.2.3.1　项目设计目标

以小麦和玉米生产能力提升为前提，以农业生物多样性保护和生态恢复、农业系统固碳减排为宗旨。通过项目实施，到2026年庆云县起草并建议通过省级改进政策1个；培育可应用农业生态系统ILM[①]的地方政府决策者和技术人员80名（至少50%女性）；参加能力建设活动的农民6 000人（至少50%女性）；因项目实施收入增加超过10%的农民600名（至少50%女性）。农业ILM面积1.3万hm^2，良好农业实践的农田面积2万hm^2，生物多样性保护和生态恢复面积0.5万hm^2。与2021年相比，2026年项目干预区化肥减量10%，农药减量6%，土壤有机质含量增加6%，农产品平均产量增加6%；累计减少GHG[②]排放直接48万t二氧化碳当量和间接12万t二氧化碳当量；实现植物和动物的物种不减少，作物的种类增加5%。

7.2.3.2　项目设计原则

因地制宜原则：围绕庆云县小麦、玉米和蔬菜等产业绿色发展制约因素，立足本地农业资源禀赋、区域特色和发展基础等因素，因地制宜地制定实施成本较低、操作性强、易推广的示范方案。

整体系统原则：依据庆云县"三廊五心十二水"的生态安全格局，统筹"山水林田湖草沙"，依据生态学原理，对山水林田路等做好总体布局设计，注重农田生物多样性与周边生境生物多样性的互通互连，充分发挥周边生境生物多样性对农田生态功能的促进作用。

7.2.3.3　项目总体思路及技术路线

依据庆云县的自然资源禀赋，重点关注庆云县农业农村可持续发展的制约因素，开展农业生态系统的ILM、农业可持续良好实践新技术和新模式推广与应用，探索可持续农业生态补偿激励机制和构建利益相关方伙伴关系，促进农产品价值链

---

①　ILM：综合景观管理。
②　GHG：温室气体。

延伸与品牌创建，实现庆云县生物多样性保护、水土固持、低碳绿色、粮食安全和农村可持续发展的协同，为助推庆云县全面乡村振兴和农业高质量绿色发展提供政策建议，也为山东省甚至我国农业绿色转型提供示范样板（图7.2）。

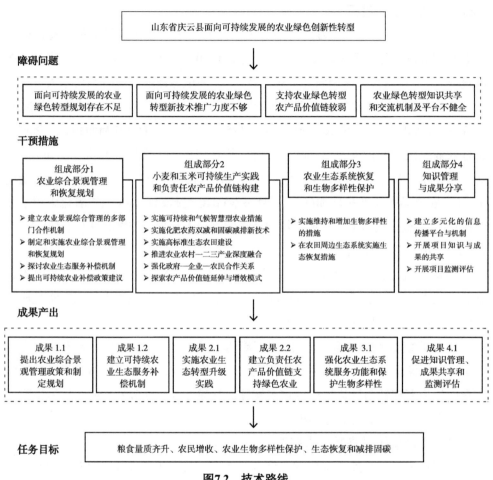

图7.2 技术路线

7.2.4 项目实施及示范内容

7.2.4.1 农业ILM和恢复规划

由庆云县农业农村局牵头，庆云县生态环境局、庆云县自然资源局、庆云县财政局协助。

目标任务：培育更具有能力应用ILM的地方政府的决策者和技术人员的数量80名（至少50%女性）；起草并建议通过的省级改进政策1个；实施农业ILM面积1.3万hm^2（表7.8）。

基线情况：庆云县市总面积5.02万hm^2，为华北平原的一部分，由黄河冲积而成，地势低平，地形略有起伏，地势由西南向东北倾斜，地形最高处海拔高程10.1 m。境内有属海河水系的南漳卫新河（境内长32.5 km）、马颊河（29.5 km），以及人工开挖的德惠新河（32 km），主干沟渠有漳马河、大胡楼干沟、大淀干沟、甄家洼干沟、窦家洼干沟、跃进渠、十八苦水村引水渠、马东干渠、马西干渠、范官沟，以及庆云水库和双太湖水库。

实施内容：以农业生态服务功能提升为核心，围绕山水林田综合管理和农村环境改善，以现有规划（如土地利用规划、可持续农业发展规划和乡村振兴规划）为基础，制定庆云县ILM和恢复规划等，重点开展沿南漳卫新河、马颊河和德惠新河两岸的林、草植被保护以及农田退耕，实现水土固持、面源污染控制和水体保护。提出并推动县级ILM生态支撑政策，探讨农业生态服务补偿机制的改革途径，支撑农业补偿政策创新。

表7.8　农业ILM年度计划

干预活动	实施区域	实施面积（万hm^2）					
		2022年	2023年	2024年	2025年	2026年	合计
沿河林草植被保护	尚堂镇、庆云镇、渤海街道、中丁乡、常家镇、徐园子乡、严务乡	0.20	0.20	0.20	0.20	0.20	1.0
农田退耕	尚堂镇、中丁乡、常家镇、徐园子乡、严务乡	0.06	0.06	0.06	0.06	0.06	0.3
合计		0.26	0.26	0.26	0.26	0.26	1.3

7.2.4.2　主要粮食作物的可持续生产实践和负责任农产品价值链构建

由庆云县农业农村局牵头，庆云县生态环境局、庆云县市场监督管理局、庆云县自然资源局、庆云县商务局、庆云县财政局协助。

（1）主要粮食作物的可持续生产实践。

目标任务：采用改进的做法/良好农业实践的农田面积2万hm²，改进/新建土地使用、生物多样性、GHG排放、气候变化影响的指标监测系统1个，减少GHG排放直接48万t二氧化碳当量和间接12万t二氧化碳当量，项目区化肥减量10%，农药减量6%，土壤有机质含量增加6%，平均产量增加6%。

基线情况：庆云县耕地总面积2.41万hm²，主要以小麦—玉米轮作为主，小麦播种面积2.13万hm²，玉米播种面积2.09万hm²，产量15.85万t（其中小麦单产6 534.3 kg/hm²，玉米单产6 637.95 kg/hm²）；蔬菜种植面积0.23万hm²，总产量14.8万t；园地面积0.05万hm²，中药材面积0.02万hm²。庆云县已实施高标准农田建设面积2万hm²。2021年农作物秸秆综合利用率95.04%，化肥使用量27 055 t，化肥利用率39.2%，农药使用量418 t，农药利用率39.8%，农用塑料薄膜无害化处理率达94.75%。土壤pH值8.13，有机质平均含量16.7 g/kg，全氮1.03 g/kg，有效磷35.01 mg/kg，速效钾241.59 mg/kg。目前，庆云县农村一二三产业融合发展不足，对农业的生态、休闲体验及文化传承价值挖掘不足。农业生产大量使用化肥、农药、地膜等农业投入品，导致农产品质量下降，大量氮磷营养肥料随地表径流冲刷进入地表水，将加剧水体富营养化。地表水不足，大量超采地下水，造成地下水位不断下降，已经产生生态影响。农业景观简单，种植结构单一，农业生物多样性减少问题突出。

实施内容：以增强生态功能，改善土壤质量和肥力，减少GHG排放，并建立有韧性的农业生产模式。实施可持续和CSA[①]，示范有效的水土管理，优化产地环境。应用减少化肥和农药使用与GHG排放的技术措施（例如测土施肥、配方肥、缓控释肥、IPM，生态拦截系统和节水灌溉）。加强高标准生态农田建设（如平整土地、改善灌排、提高田间道路通行能力）。可选用以下干预措施的一种或多种：①保护性耕作（轮间套作）；②节水灌溉；③良种（气候适应性强、高产、低排放）；④高标准农田建设；⑤IPM（统防统治、高效低毒低残留农

————————————

① CSA：气候智慧型农业。

药、无人机喷药、生态调控、理化诱杀等）；⑥水肥一体化；⑦生态拦截；⑧污染预防（农药包装、农膜回收等）；⑨有机质增加（秸秆还田、有机肥、生物菌肥、绿肥等）。

表7.9　良好农业实践年度计划

实施工程	干预措施	实施面积（万hm²）					
		2022年	2023年	2024年	2025年	2026年	合计
耕地质量提升	①④⑨	0.12	0.12	0.12	0.12	0.12	0.6
化肥减量	③⑥⑦⑨	0.30	0.30	0.30	0.30	0.30	1.5
农药减量	③⑤⑧	0.20	0.20	0.20	0.20	0.20	1.0
固碳减排	①②③⑨	0.12	0.12	0.12	0.12	0.12	0.6
合计（扣除重复区）		0.40	0.40	0.40	0.40	0.40	2.0

（2）负责任农产品价值链构建。

目标任务：600名农民（含50%女性）受益于项目支持的农业食品价值链，农民收入增加10%（采取抽查方式），至少取得2个绿色/有机农产品认证；至少有2个公司/农民合作社有能力支持负责任的价值链。

基线情况：庆云县创立了农产品区域公用品牌"食在庆云"，成功创建"省级农产品质量安全县"，庆云现代农业产业园成功入选国家现代农业产业园创建名单，山东水发田园综合体、北京庄普园循环农业产业园等项目形成集聚效应，获评山东省农业"新六产"示范县。县级"三农"综合服务中心实现功能升级，规划建设了智慧农业平台，现有农业企业27家，其中省级龙头企业4家，市级龙头企业11家，县级以上示范社、示范场达到176家，"三品一标"认证农产品数量达到97个。一产方面初步形成了以河谷舜天、水发为龙头的粮菜种植业，以牧原、傲农为龙头的畜禽养殖业；二产形成了以鲁花、鲁庆、中天为龙头的面粉加工业，以绿友、格瑞果汁为龙头的果蔬加工业，以和美为龙头的畜禽产品加工业，以六和、海博农牧为龙头的饲料加工业，以沃森为龙头的中草药种植加工业；三产形成了以水发、航天绿园为龙头的休闲农业产业等。目前，庆云县山东水发航天现代农业科技有限公司等6家企业已获得农产品区域公用品牌"德州味"的授权。山东鲁云花食品有限公司"鲁花"牌面粉成功获批2022年第七批山东省知名农产品企业产品品牌。

实施内容：庆云县集中打造"食在庆云"区域公共品牌，构建起具有核心竞争优势的农业品牌识别系统，构建以尚堂镇设施蔬菜、东辛店镇大棚蔬菜和中草药种植、徐园子乡特色采摘等为特色的现代农业产业，以沃森农业、绿友食品、鲁花面粉等农产品深加工为特色的产业基地，集成高效生态、休闲观光旅游、农产品深加工为特色的生态农业产业，培养至少有2个省级农民合作社成为有能力支持负责任的价值链的市场主体，认证至少取得2个绿色/有机农产品，提供更多当地村民雇工岗位，带动600个农民增收10%以上，其中女性不少于300名。

7.2.4.3　农业生态系统恢复和生物多样性保护

由庆云县农业农村局牵头，庆云县生态环境局、庆云县自然资源局、庆云县财政局协助。

目标任务：实现物种和生态系统指标，植物和动物的物种不减少，作物的种类增加5%。固碳减排，减少GHG排放直接48万t二氧化碳当量和间接12万t二氧化碳当量。在生态恢复和改善管理下的周围生态系统的山地和农田面积0.5万hm²（表7.10）。

基线情况：自然植被主要有草甸植物、盐化植物、水生植物等类型。人工植被主要以农作物和林木为主，另有部分草坪、花木及蔬菜类。粮食作物以小麦、玉米为主，高粱、大豆、地瓜、谷子、红小豆等有少量种植。经济作物以棉花为主，苜蓿、桑树、烟草、金银花等均有种植。主要饲养动物有牛、马、羊、驴、骡、猪、鸡、鸭、鹅、狗、猫、兔、鸽等。林果类树木有枣、苹果、梨、桃、葡萄、石榴、杏等。

实施内容：在农田周边生态系统中进行生态恢复，以增强农业生态系统的生态与服务功能。实施维持和增加生产系统生物多样性的措施（如作物多样性种植、保护周边重要动植物物种、农林复合经营、重要物种栖息地生境保护）。可以采取以下干预措施之一或几种：①构建生态走廊（沿河、农村道路、沟渠、田坎构建乔木—灌木—草立体生态网）；②农林复合系统（如果粮、果油间作）；③作物多样化种植（粮油、粮饲轮间套作）；④农田边界花草植物带；⑤农田内部甲虫堤。

表7.10　生态系统恢复与生物多样性保护年度计划

实施工程	干预措施	实施区域	实施面积（万hm²）					
			2022年	2023年	2024年	2025年	2026年	合计
生态系统恢复	①	尚堂镇、东辛店镇、渤海街道、常家镇	0.02	0.02	0.02	0.02	0.02	0.1
生物多样性保护	②③④⑤	尚堂镇、常家镇	0.08	0.08	0.08	0.08	0.08	0.4
合计			0.10	0.10	0.10	0.10	0.10	0.5

7.2.4.4　知识管理与成果分享

由庆云县农业农村局牵头，庆云县市场监督管理局、庆云县生态环境局、庆云县自然资源局、庆云县财政局、庆云县妇联协助。

项目目标：参加能力建设活动的农民（按性别分类）人数达到6 000（至少50%女性）人。参与全球影响力项目重大事件和活动，建立多元化的信息传播平台与机制，依托同一个星球网络可持续粮食系统计划、国家和省级平台，开展项目知识与成果的共享，支持项目成果在不同层次水平上的推广应用（表7.11）。

实施内容：采用线下授课、现场观摩、线上直播、网络课程等多种手段对农业管理者、技术人员、生产者开展知识培训，内容涵盖全球环境基金项目所涉及的农业ILM和恢复规划、良好农业实践技术经验、生态恢复和生物多样性保护和农业价值链构建等。通过全球环境基金项目官网、山东省农业农村官网、庆云县人民政府官网、微信公众号、短视频平台传播分享项目成果，每年2～3次，提炼典型做法在市级以上媒体上宣传报道1次。

表7.11　知识培训年度计划

培训内容	培训数量（人次）					
	2022年	2023年	2024年	2025年	2026年	合计
农业ILM和恢复规划	10	20	20	0	0	50
良好农业实践技术经验	1 000	1 000	1 000	1 000	1 000	5 000
生态恢复和生物多样性保护	100	100	100	100	100	500
农业价值链构建	100	100	100	100	100	500
合计	1 210	1 220	1 220	1 200	1 200	6 050

7.2.4.5　项目核心示范区

由庆云县农业农村局牵头，庆云县生态环境局、庆云县自然资源局、庆云县市场监督管理局、庆云县财政局协助。

核心示范区在满足农产品供给的同时，按照生物多样性保护与生态修复、良好农业实践/CSA、化学品减量等综合措施，从而实现对生物多样性、水土保持、减缓气候变化、粮食安全和农村可持续生计的协同发展。庆云县共打造3个项目核心示范区，分别选择在庆云县徐园子乡、庆云县尚堂镇和庆云县尚堂镇。

（1）徐园子示范区。

基线情况：示范区位于庆云县徐园子乡东北部，涵盖柴家村、邢家村、阎枣行村、孙蒋新村，总面积6 300余亩，实施主体为河谷舜田现代农业（庆云）有限公司。目前，示范区分为水稻种植基地、高粱种植基地、小麦种植基地、辣椒种植基地等四大种植基地。2021年，水稻亩产量为500 kg，土壤有机质含量为18 g/kg，施用化肥量为50 kg/亩，施用化学农药0.1 kg/亩。

存在问题：示范区排灌沟散乱密布，不光浪费耕地，灌溉粗放效率低，农田生态基础设施欠缺，粮食与蔬菜产业价值链有待提升。

实施内容：在耕地质量提升、化肥减量增效和固碳减排方面，利用暗管灌排技术进行高标准土地整治，将原有沟渠密布、粗放散乱田块转换为暗管灌排、灌排一体、精细规整的大农田,增加农田种植面积,同时实现节水节时。应用种—肥同播机和秸秆粉碎还田机实施小麦、玉米种植收获全程机械化。在化学农药减量增效方面,基于病虫害精准预测的基础上,小麦和玉米生产实施统防统治科学用药,全部采用植保无人机进行病虫害防控,减少农药施用量和人工成本;蔬菜田利用杀虫灯诱杀。在生态系统恢复和生物多样性保护方面,实施杂豆间作,农田边界构建植物缓冲带。在农业价值链延伸与提升方面,创新生态农业和循环农业模式,创响"乡字号"和"土字号"品牌,培育特色品牌,吸纳当地农户参与企业发展,带动项目区农民增收。

实现目标:与2021年相比,2026年示范区化肥用量减少10%,农药用量减少10%,耕地质量提升0.5~1个等级,土壤有机质含量增6%,每公顷平均产量增加6%,实现物种和生态系统指标,作物的种类增加至少5%,植物和动物的物种不减少,减少GHG排放,200户农民因项目实施收入增加10%,受益人至少有50%为女性。

(2)尚堂镇东郎坞示范区。

基线情况:示范区位于庆云县尚堂镇东郎坞村,总面积2 200亩,实施主体为山东鲁供庆农农业发展有限公司。公司现有大型机械3台,马斯奇奥2台,雷肯3台,海伦王玉米播种机12台,玉米气吸播种机3台,龙丰翻转犁5台,农哈哈旋耕犁2台,尤妮亚撒肥机2台。进口收割机凯斯4 088 2台、凯斯5 088 2台。以保障国家粮食安全为使命,以服务当地农民、培育壮大村级经济组织,带动农民增收,促进农业提质增效为宗旨,吸纳涉农各类生产要素,构筑功能完备、设施先进、保障有力的农业服务体系,培育了一支根植乡村、服务农民、爱农业、懂技术、善经营的专业服务队伍,统一开展土地托管服务,致力于打造成一家农业社会化服务龙头企业。目前,示范区全部一年两季种植模式的小麦玉米轮作农田。2021年,小麦平均亩产量340 kg,玉米籽粒平均亩产量650 kg,土壤有机质含量为16 g/kg,小麦季平均亩施复合肥底肥(N-P-K=21-21-12)35 kg,追肥(N-P-K=30-0-5)40 kg,玉米季平均亩施复合肥底肥40 kg。

存在问题:示范区主河道不畅,排灌沟散乱密布,浪费耕地,农业生物多样性保护栖息地少。

实施内容：在耕地质量提升、化肥减量增效和固碳减排方面，清理整治主河道，修理附河道水渠，修建指针喷灌通过桥，减少农田排水沟渠，增加农田种植面积；应用种—肥同播机和秸秆粉碎还田机实施小麦玉米轮作全程机械化。在化学农药减量增效方面，基于病虫害精准预测的基础上，小麦和玉米生产实施统防统治科学用药全部采用植保无人机进行病虫害防控，同时配备杀虫灯。在生态系统恢复和生物多样性保护方面，农田边界构建植物缓冲带和植物篱。在农业价值链延伸与提升方面，培育成为农业社会化服务龙头企业，壮大村级经济组织，带动农民增收。

实现目标：与2021年相比，2026年示范区化肥用量减少10%，农药用量减少10%，土壤有机质含量增6%，每公顷平均产量增加6%，实现物种和生态系统指标，作物的种类增加至少5%，植物和动物的物种不减少，减少GHG排放，200个农民因项目实施收入增加10%，受益人至少有50%为女性。

（3）尚堂镇东刘示范区。

基线情况：示范区位于庆云县尚堂镇东刘村，总面积1 000亩，实施主体为农业农村部环境保护科研监测所。目前，示范区主要为一年两季轮作种植小麦和玉米。2021年，小麦平均亩产量350 kg，玉米籽粒平均亩产量500 kg，土壤有机质含量15.5 g/kg，小麦季平均亩施复合肥底肥（N-P-K=21-21-12）30 kg，追肥（N-P-K=30-0-5）30 kg，玉米季平均亩施复合肥底肥40 kg。

存在问题：示范区排灌沟散乱密布，排灌设施落后，杂树杂草丛生，灌溉设施不全，种植结构单一，农业生物多样性保护栖息地少。

实施内容：在耕地质量提升、化肥减量增效和固碳减排方面，通过土地整理和水利设施修建完成1 000亩高标准农田建设，应用免耕播种机、种—肥同播机、秸秆粉碎还田机、深松整地机实施小麦玉米轮作全程机械化。在化学农药减量增效方面，基于病虫害精准预测的基础上，小麦玉米生产实施统防统治科学用药，全部采用植保无人机进行病虫害防控。在生态系统恢复和生物多样性保护方面，实施作物多样化种植，如粮油、粮饲轮间套作，构建生态沟渠，利用田埂、荒地等建设绿篱、植草带、非农斑块、甲虫堤。在农业价值链延伸与提升方面，开展良种、良法、智慧农业试验示范，形成集科技示范、科普教育和旅游观光于一体的现代绿色农业园区，吸纳农民就业。

实现目标：与2021年相比，2026年示范区化肥用量减少10%，农药用量减少10%，土壤有机质含量增6%，每公顷平均产量增加6%实现物种和生态系统指标，作物的种类增加至少5%，植物和动物的物种增加，减少GHG排放，200个农民因项目实施收入增加10%，受益人至少有50%为女性。

7.2.5　项目监测方案

7.2.5.1　监测内容

监测指标包括：减少GHG排放（二氧化碳当量，t）、化肥减量［全部化学肥料（N、P、K肥）的总量折纯，%］、农药减量（所有农药产品折算实际有效化学成分进行计量，%）、土壤有机质含量提升（%）、每公顷平均产量、生产系统中可持续土地管理下的景观面积（hm^2）、退化农用地修复面积（hm^2）、植物和动物的物种数量、作物种类。

7.2.5.2　项目监测点设置

利用现有监测系统，根据实施区域和内容，科学设置监测点和监测内容，单项措施监测单项成效指标，综合措施监测综合成效指标。监测点要求覆盖所有干预区且具有代表性。

（1）项目县监测系统建设情况。庆云县建有土壤质量监测系统，有土壤质量监测点位3个，可监测指标包括土壤pH、有机质、全氮、有效磷、速效钾等。拟建立病虫害监测体系，对小麦、玉米的主要病虫害开展全生长期人工和智能相结合的调查监测。拟建立农药使用强度监测体系，农药使用强度监测点可调查统计一年内购买农药日期、登记证号、购买数量、购买金额、用药日期、用药作物、防治对象、用药面积和合计用药量等信息。拟建立农业生物多样性监测体系，农业生物多样性监测点可调查统计种植作物种类、非作物植物种类及分布、动物种类及数量等信息。

（2）项目县监测点位设置。项目县监测点位布设信息见表7.12。

表7.12 监测点位布设信息

监测内容	监测点位	监测时间	备注
有机质	A.徐园子乡张培元村 东经117°30′56″ 北纬37°51′4″ B.尚堂镇东郎坞村 东经117°23′4″ 北纬37°41′20″ C.尚堂镇王高村 东经117°25′52″ 北纬37°41′37″	2026年	每年实施区域不同，每个核心示范区设立1个监测点
化肥施用量		2022—2026年	每年实施区域不同，每个核心示范区设立1个监测点
农药施用量		2022—2026年	每年实施区域不同，每个核心示范区设立1个监测点
GHG排放		2022—2026年	GHG累计排放量，每个核心示范区设立1个监测点
农业生物多样性		2026年	每年实施区域不同，每个核心示范区设立1个监测点

7.2.6 项目实施计划

为全面推进山东省庆云县在农业景观尺度制定ILM系统，促进小麦、玉米等主要粮食作物的可持续粮食生产实践和负责任农产品价值链构建，农业生态系统和生物多样性的保护和恢复，知识管理和成果共享，以及项目区监测评估，实现山东省庆云县粮食生产能力提升与生态景观构建的项目目标。制订如下项目实施计划。

表7.13　庆云县项目实施计划表

产出	主要活动	2022年 Q1	Q2	Q3	Q4	2023年 Q1	Q2	Q3	Q4	2024年 Q1	Q2	Q3	Q4	2025年 Q1	Q2	Q3	Q4	2026年 Q1	Q2	Q3	Q4
组成部分1: 在农业生产景观尺度制定ILM系统。																					
成果1.1: 加强ILM政策、规划和能力，以促进参与式规划，并使与农业景观有关的国家和省级机构能够实现其可持续农业、乡村振兴、土地恢复以及气候和生物多样性目标。																					
产出1.1.1: 制定和实施庆云县ILM和恢复规划，并支持跨部门的规划及规模扩大，确保妇女的参与。	活动1.1.1.1: 对庆云县农业用地和周围生态系统的土地退化、生物多样性和生态系统（包括生态系统、物种和基因级别的培育和野生植物）进行实地调查和评估，分析对生物多样性（包括农业生物多样性）和生态系统的主要威胁及其根源，以及预期的气候变化影响，确定组成部分2和组成部分3下的优先干预领域，确定衡量生物多样性和土地退化的指标，为产出3.1.1制定生态系统多样性目标。																				
	活动1.1.1.2: 根据现有规划（如土地使用规划，可持续农业发展和乡村振兴规划）、实地调研、专家评估（包括空间分析）和利益相关者的意见，制定详细的ILM和恢复规划。																				
	活动1.1.1.3: 组织磋商会议，与利益相关者讨论确定规划。																				
	活动1.1.1.4: 组织定期的协调会议，以支持ILM和恢复规划的实施和监测。（实地活动将在组成部分2和组成部分3下开展）。																				
	活动1.1.1.5: 支持将ILM和恢复规划纳入县下一个五年规划（2026—2030）或其他相关规划（如果相关）。																				

（续表）

产出	主要活动	2022年				2023年				2024年				2025年				2026年			
		Q1	Q2	Q3	Q4	Q1	Q2	Q3	Q4	Q1	Q2	Q3	Q4	Q1	Q2	Q3	Q4	Q1	Q2	Q3	Q4
产出1.1.2：对庆云县政府的决策者和技术人员实施性别敏感的能力建设，主要在当地水土资源可持续综合管理、生物多样性保护和恢复方面。	活动1.1.2.1：为区决策者和技术人员制定针对性别敏感的培训计划，内容涉及土地和水资源可持续综合管理、可持续农业、生物多样性保护和恢复，以支持ILM/恢复规划以及当地减贫和乡村振兴目标。																				
	活动1.1.2.2：对决策者和技术人员（男性和女性）以及民间社会和科学术界的代表进行培训。																				
产出1.1.3：建立（或改进现有的系统）和实施可持续的粮食系统和土地利用的监测系统。	活动1.1.3.1：制定农场及周围景观监测的指标和准则：①土地利用/土地退化/土壤质量；②生物多样性和生态系统；③GHG排放和固碳；④对受益人的社会经济影响，如收入增长和减少贫困等；⑤IPM将与庆云县的现有监测系统和报告要求建立联系，以使指标具有相关性、现实性和可持续性。																				
	活动1.1.3.2：开发或加强现有的用于监测上述指标的系统。																				
	活动1.1.3.3：应用监测系统并进行监测，至少每年1次。																				
成果1.2：创新农业生态服务激励机制，建立可持续、安全和智慧型的农业食品系统。																					

（续表）

产出	主要活动	2022年 Q1	Q2	Q3	Q4	2023年 Q1	Q2	Q3	Q4	2024年 Q1	Q2	Q3	Q4	2025年 Q1	Q2	Q3	Q4	2026年 Q1	Q2	Q3	Q4
产出1.2.1: 分析现行的农业生态服务补偿机制，支持国家/省级农业补偿政策的改革，以加强农业生产系统中的生物多样性，以及土地和土壤资源的可持续性。	活动1.2.1.1: 与利益相关者协商，分析现有和未来潜在的与目标粮食作物相关的农业生态服务/生态补偿机制的情况。																				
	活动1.2.1.2: 为国家/省级激励机制/政策改革制定详细的建议/方案（包括对妇女和青年赋权和农村振兴资源的考虑）。																				
组成部分2: 促进小麦、玉米等主要粮食作物的可持续粮食生产实践和负责任农产品价值链构建。																					
成果2.1: 采用和推广可持续农业做法，以增强生态系统功能，改善土壤质量和肥力，减少GHG排放，并建立有弹性的农业生产模式。																					
产出2.1.1: 实施和CSA以促进固碳和减排；示范有效的土壤及水管理，优化农业环境。	活动2.1.1.1: 对小麦、玉米、苹果等的现有技术标准则和GAP进行详细分析，包括其对生物多样性、土地退化、固碳和GHG减排、气候变化适应和粮食安全目标的贡献。																				
	活动2.1.1.2: 与利益相关者协商，修订现有的或制定新的可持续和CSA实践的技术指南和/或良好农业实践。																				
	活动2.1.1.3: 试验和示范农田多样性种植、生态景观恢复、固碳减排新技术。																				

（续表）

产出	主要活动	2022年 Q1	Q2	Q3	Q4	2023年 Q1	Q2	Q3	Q4	2024年 Q1	Q2	Q3	Q4	2025年 Q1	Q2	Q3	Q4	2026年 Q1	Q2	Q3	Q4
产出2.1.2：实施减少化肥和农药使用和排放的创新，如精准农业、土壤检测、IPM、生态拦截系统和数字技术。	活动2.1.2.1：详细分析和评估创新技术的可行性，以减少化学品的使用和排放。与项目区的使用和排放相关方和私营部门伙伴合作，以减少化学品的使用和排放。																				
	活动2.1.2.2：与产出2.1.1下制定的准则和感GAP标准协调，制定详细的IPM计划和关于选定创新的技术准则。																				
	活动2.1.2.3：实施田间活动以支持上述创新的实施。																				
产出2.1.3：加强按国家标准实施的高标准生态农田建设（如平整土地、改善田间灌排、提高田间道路通行能力）。	活动2.1.3.1：提出将生物多样性因素纳入高标准生态农田建设的建议（如有利于生物多样性的灌基础设施，以保护河流沿岸的生物多样性）。																				
	活动2.1.3.2：在庆云县实施高标准的生态农田建设，如土地整理、耕地平整、改善农田排灌、田间道路。（通过政府配套资金。）在必要时，该项目将提供技术援助，以实施上述关于纳入生物多样性考虑因素的建议。																				
	活动2.1.3.3：在相关情况下，加强机械化设施以支持新的作物生产实践，并改善田间监测设备。例如针对固碳和GHG排放的监测设备。（通过政府或私营部门的配套资金。）																				

成果2.2：负责任的、以市场为导向的农业价值链得到实施和扩大，包括通过政府—私营企业—农民合作社伙伴关系和能力建设。

（续表）

产出	主要活动	2022年				2023年				2024年				2025年				2026年			
		Q1	Q2	Q3	Q4	Q1	Q2	Q3	Q4	Q1	Q2	Q3	Q4	Q1	Q2	Q3	Q4	Q1	Q2	Q3	Q4
产出2.2.1: 在农民（特别是妇女）、推广服务提供者、企业和合作社之间增强可持续生产和农业价值链的能力和意识。	活动2.2.1.1: 为庆云县农民、企业和合作社制定对性别敏感的培训和推广计划（包括相关农民的技术准则推广），内容如下: ①在产出2.1.1和2.1.2下制定的技术准则标准; ②相关产出的价值链。培训还可以纳入生态农业和生态恢复的各个方面，以支持产出3.1.1和3.1.2的执行。																				
	活动2.2.1.2: 与庆云县当地利益相关者（男女）实施培训和推广计划，同时进行产出2.1.1和2.1.2下的田间活动。																				
产出2.2.2: 发展创新的市场联系和融资渠道（特别是针对女性农民），以支持可持续农业价值链。	活动2.2.2.1: 基于项目准备金（PPG）期间进行的分析，详细分析并评估建立市场联系/价值链以及庆云县农民（尤其是妇女和青年）的融资渠道（以目标粮食为重点）的可行性。																				
	活动2.2.2.2: 通过创新的生态价值评估方法，在应用ILM和GAP措施的基础上，评估农产品的生态价值。																				
	活动2.2.2.3: 初步建立基于生态价值的生态农产品认证体系。																				
	活动2.2.2.4: 向当地企业和合作社提供技术援助，以发展和实施可持续生产作物的选定价值链，包括认证和可追溯系统，数字技术和金融服务，这可能涉及使用现有有机认证，如绿色有机和金融服务，以及基于农产品生态价值的产品认证系统。																				
	活动2.2.2.5: 支持推广和扩大责任的、包容性的价值链，支持为可持续作物生产提供金融服务。																				

（续表）

产出	主要活动	2022年				2023年				2024年				2025年				2026年			
		Q1	Q2	Q3	Q4	Q1	Q2	Q3	Q4	Q1	Q2	Q3	Q4	Q1	Q2	Q3	Q4	Q1	Q2	Q3	Q4
产出2.2.3：建立政府一私营企业一农民合作伙伴关系从投入品供应到生产、加工和销售的价值链的融资。	活动2.2.3.1：通过让粮食生产商、加工商、经销商、贸易商、商业银行和农业信用合作社以及国有企业在内的整个价值链参与者进来，评估建立（或加强现有的伙伴关系），并进行上述部门一私营机构伙伴关系和投资以支持投资以支持可持续的价值链的推广和融资。																				
	活动2.2.3.2：与合作社和私营企业合作实施伙伴关系和投资。																				
组成部分3：加强农业生态系统和生物多样性。																					
成果3.1：农业生态系统和生物多样性的保护和恢复。																					
产出3.1.1：实施干预措施以维护和增加农田生态系统的生物多样性。	活动3.1.1.1：与所有的利益相关者协商，按照产出1.1.1下制定的ILM恢复计划在选定地点实施维护和增加生产系统多样性的干预措施。在本组成部分下的干预将集中在农场观层面，这些措施将包括维护或增加景观中的作物多样性的干预措施，以及保护农田生物多样性的重要栖息地，如河流沿线和农田周边植被。																				
	活动3.1.1.2：评估实施的有效性并为在庆云县及其他县进行推广提供建议。																				
	活动3.1.1.3：支持在庆云县及其他地区推广干预措施。																				

产出	主要活动	2022年 Q1	Q2	Q3	Q4	2023年 Q1	Q2	Q3	Q4	2024年 Q1	Q2	Q3	Q4	2025年 Q1	Q2	Q3	Q4	2026年 Q1	Q2	Q3	Q4
产出3.1.2：在农田边界和周围生态恢复系统中进行生态恢复（如通过坡地植被恢复、生态走廊、农场植树、植被缓冲、树篱、养分拦截），以增强农田边界和周围生态系统的生态功能。	活动3.1.2.1：根据产出1.1.1制定的ILM恢复计划,详细制定庆云县农田边界和周围生态系统中的生态恢复的详细计划和技术准则。																				
	活动3.1.2.2：在选定地点实施恢复/修复措施。																				
	活动3.1.2.3：评估实施的有效性并提供建议。																				
	活动3.1.2.4：支持恢复/修复干预措施的推广。																				
组成部分4：知识管理、成果分享与监测评估。																					
成果4.1：有效的知识管理/信息交流。																					
产出4.1.1：开展项目协调、知识管理和成果分享。	活动4.1.1.1：领导有效的项目协调、知识管理和成果分享,包括适应性的计划和管理。																				
	活动4.1.1.2：支持和监督性别行动计划、自主、优先和知情同意（FPIC）和害虫管理计划的实施,为项目人员和联络人组织性别培训。																				
成果4.2：有效的监测评估。																					
产出4.2.1：开展项目监测评估。	活动4.2.1.1：项目监测评估与根据产出1.1.3制定的监测进程密切相关,还将与FOLUR全球平台平台下与项目层面的监测建立联系。																				

7.2.7 项目效益分析

经济效益：通过保护性耕作、秸秆还田、绿肥种植、节水灌溉等可持续农业技术措施的实施，土壤有机质含量将进一步增加，土壤理化性状得到改善，保水、保肥、通气能力明显增强；通过田块整治、土壤培肥改良，可增加土壤碳汇，有效提升耕地质量，提高农田综合生产能力。可在制度建设、政策咨询、产业规划、大田作物、果蔬生产等各个方面为绿色高效农业发展提供建议和意见，促进农业和农村经济持续快速发展。本项目化肥减量技术实施面积1.5万hm^2，在2021年的基础上（折纯1 122 kg/hm^2），2026年项目区化肥施用量减少10%，即减少化肥施用量112.2 kg/hm^2，共可减少1 683 t化肥。化学农药减量技术实施面积1万hm^2，在2021年的基础上（折纯17.3 kg/hm^2），2026年项目区化学农药施用量减少6%，即减少化学农药施用量1.04 kg/hm^2，共可减少10.4 t化学农药。耕地质量提升0.6万hm^2，在2021年的基础上（小麦平均亩产量6 534 kg/hm^2，玉米平均亩产量6 637 kg/hm^2），2026年项目区粮食产量增加6%，即小麦和玉米产量分别增加392 kg/hm^2和398 kg/hm^2，共可增加小麦和玉米产量分别为2 353 t和2 389 t。

生态效益：有助于生物多样性保护、气候变化和土地修复3个目标的实现，通过水土资源管理，耕作措施改进、化学品减量等良好农业实践和区域ILM，使3.3万hm^2农田景观得到改善，通过生态沟渠、生态廊道等生态系统修复和农田生境系统构建，修复土地面积达0.5万hm^2，实现GHG减排、区域水质改善等。生物多样性保护和生态农田发展，促进集约化农田生态系统良性循环和农业可持续发展，破解限制农业发展的瓶颈。

社会效益：加强项目市/县和各级相关机构的能力建设，形成良好的农业技术创新和推广的机制，通过科普教育和技术培训，提升当地农民科技素养，围绕农业产业，绿色可持续发展，因地制宜向当地农民推广普及农业新成果、新技术，综合运用课堂授课、现场指导、参观基地等方法转变农民的生产观念，提升农业生产技术水平，产生良好的农产品品牌效应，促进农民增产增收，最大限度地能使项目区的弱势群体成为该项目的直接受益者等。

7.3　山东省莱州市农业绿色转型实践

7.3.1　项目区概况

7.3.1.1　地理区位

莱州市位于山东省东北部、烟台市西部。地理坐标为东经119°33′—120°18′，北纬36°59′—37°28′，东邻招远市，东南与莱西市接壤，南连平度市，西南与昌邑市相望，西、北濒临渤海莱州湾，是黄河三角洲的东部桥头堡。

7.3.1.2　自然条件

（1）气候条件。莱州市属暖温带东亚季风区大陆性气候，四季气候变化明显，雨热同步，气候温和。年平均温度12.5 ℃，无霜期186 d，日照时数为2 669.3 h，平均降水量为658.5 mm，耕地面积100.2万亩。春季风大雨少气候干燥，平均相对湿度56%，同时由于寒潮的侵袭，常常出现倒春寒及晚霜冻危害。夏季受温暖的海洋气团控制，为年降水量最多的季节，总雨量平均占年降水量的62%。秋季晴好天气较多，秋高气爽。冬季受强大的蒙古冷高压控制，气压高、气温低，雨雪稀少。

（2）地形地貌。莱州市属胶东丘陵，地势西北低、东南高，拥有海岸线长108 km，陆域面积1 928 km²，主要分为5种地貌类型。南阳河口以北及虎头崖以西的沿海地带为滨海低地，面积346.2 km²，占全市总面积的19%。滨海低地以东为洪积、冲积平原，面积409.7 km²，占全市总面积的22.6%。东南及东北部山地周围为剥蚀丘陵，面积464.1 km²，占全市总面积的25.3%。山前岗地呈不规则带状分布于平原与丘陵之间，面积409.7 km²，占全市总面积22.6%。市境东及东南部为侵蚀低山，面积186.7 km²，占全市总面积10.3%。境内主要山脉自南向北有马山山脉、吴家大山山脉和云峰山脉，自东向西有仓石山脉、大沟山脉、天齐山脉和崮山山脉。

（3）水文水系。莱州市境内水系总长313.7 km，流域面积1 586 km²，有南阳河、王河、朱桥河、龙泉河、苏郭河、龙王河、沙河、胶莱河等16条河流。除胶莱河外，其余河流皆发源于莱州市东南山区，属季节性河流。其中，王河为莱州市第一大河流，发源于招远市塔山，向西北流经驿道镇东高家、古台口、玉兰埠、河现、驿道、河套杨家，平里店镇吕村、河西刘家、西罗台、平里店、三山岛街道徐家、大张家、河北院上、过西、后邓、凤凰岭，于三山岛南注入渤海，全长50 km，流域面积326.8 km^2。水资源总量为5.24亿m^3。

7.3.1.3 社会经济

（1）经济基础。2021年，莱州市实现地区生产总值701.31亿元，按可比价格计算，比上年增长2.6%。其中，第一产业增加值93.31亿元，增长7.6%；第二产业增加值306.84亿元，减少1.1%；第三产业增加值301.16亿元，增长4.9%。三次产业结构为13.3∶43.8∶42.9。全年全市一般公共财政预算收入41.51亿元，比上年上升0.8%，其中税收收入27.6亿元，上升8.2%。

（2）历史文化。莱州历史悠久，底蕴深厚，自古就有"齐鲁之甲胜，天下之名疆"的美誉，被民政部命名为"千年古县"。深厚的历史积淀成就了灿烂的东莱文化，东海神庙遗址是国内历史最长、规模最大的皇家祭海遗址，与泰山祭天、曲阜祭孔并列为山东境内三大国家祈福平台；莱州草辫、滑石雕刻、蓝关戏列入国家级非物质文化遗产名录。全市拥有4A级景区1家、3A级景区5家。

（3）社会发展。莱州市现辖6个街道、11个镇，市政府驻文昌路街道。户籍人口84.36万人，人口出生率为7.8‰，人口自然增长率为-2.2‰。全年城镇居民人均可支配收入44 632元，恩格尔系数为34%；农村居民人均可支配收入20 906元恩格尔系数为36.05%。就业形势基本稳定，全年城镇新增就业1.09万人，其中，失业职工再就业2 481人，全年新增农村劳动力转移就业254人，年末城镇登记失业率为0.62%。

（4）道路交通。莱州地处山东半岛蓝色经济区的重要节点位置，是黄河三角洲的东部桥头堡，扼居胶东半岛要冲，海、陆交通网络四通八达。2018年，莱州市公路通车里程2 668.6 km，其中国道、省道公路通车里程343.6 km，县乡村公路通车里程2 325 km，境内铁路通车里程68 km。莱州港是黄河三角洲区域内规模最大的深水良港，是国家一类开发口岸，现有万吨级以上泊位12个，港口年吞吐能力达到2 880万t。大莱龙铁路扩能改造、疏港铁路支线项目加快推进，环渤海潍烟高铁年内将开工建设。A3通用机场项目纳入《山东省通用机场中长期发展规划》。

7.3.1.4　土地利用

全市陆地面积18.21万hm^2，其中耕地面积7.89万hm^2，种植园用地1.28万hm^2，林地3.35万hm^2，草地0.54万hm^2，工矿用地1.68万hm^2，住宅用地1.33万hm^2，水域及水利设施用地0.98万hm^2。

7.3.2　农业农村发展现状及农业绿色发展转型障碍

7.3.2.1　农业农村发展总体情况

莱州市持续推进农业供给侧结构性改革，突出生态高效发展理念，推进农业规模经营和一二三产业融合发展，产业转型升级步伐不断加快，农业农村发展良好。入选国家现代农业示范区、中国玉米良种之乡、全国粮食生产先进县、全国主要农作物生产全程机械化示范县、全国生猪调出大县，素有"产粮大县"和"胶东粮仓"美誉。

（1）农产品供给。莱州市是全国粮食生产先进县和全国畜牧大县。有4.3万hm^2的小麦—玉米轮作区，小麦常年种植3.74万hm^2，玉米种植4.58万hm^2，小麦和玉米总产量超过50万t（2021年夏粮23.2万t，秋粮29.7万t）。2021年果树种植面积1.17万hm^2，总产量32万t，以苹果为主。全年肉类总产量11.1万t，其中猪肉产量7.4万t，禽蛋产量3.4万t。

（2）种业发展。莱州市是中国玉米良种之乡，扶持培育了以登海种业为旗舰、19家特色种苗企业为支撑的现代种业企业方阵，成功创建以种业产业为核心的省级现代农业产业园。植物新品种保护权数量居全国县级市首位，登海种业先后8次创造我国夏玉米单产最高纪录，2次创造世界夏玉米单产最高纪录，掖单13号玉米品种荣获国家科技进步奖一等奖，莱州冬小麦3次刷新全国最高亩产纪录。

（3）农业经营体系。新型农业主体不断壮大，拥有省级重点龙头企业10家、市级龙头企业12家，合作社示范社40家。全市"三品一标"认证有效期内企业达到60家，认证产地总面积达到83万亩，产地认证面积居全省前列，"龙头+合作社带基地、基地连农户"的农业产业化经营格局基本形成。农机合作组织发展到218家，其中全国农机合作示范社达到5家。适度规模经营发展迅速，全市土地承包经营权流转面积16万多亩，约占总耕地面积的16%，17个镇街分别设立了"农村土地流转服务中心"。

（4）农村发展。坚持人居环境整治与美丽乡村建设统筹推进，打造省级美丽乡村示范村27个，成功打造"山海之间、魅力金仓"美丽乡村样板示范片。全市成立股份经济合作组织的村庄达964个，占村庄总数的98.7%。完成登记赋码的股份经济合作社达700余家。持续加强对党支部领办合作社的指导和服务，"党支部领办合作社"实现新的突破。

7.3.2.2 农业绿色发展转型障碍

（1）面向可持续发展的农业绿色转型的规划存在不足。莱州市可持续农业现行规划不足：一是山水林田湖草沙一体化保护和修复尚待落实，实施层面尚缺少具体技术措施，忽视了从促进农田生产系统稳定性、提升农田生产力的角度对景观进行综合管理，从而减少农业生产对生态环境影响；二是农业生物多样性和生态景观保护的政策缺乏；三是财政补贴重在粮食种植和农机采购，未侧重于可持续农业生产技术应用与推广。

（2）面向可持续发展的农业绿色转型新技术应用有限。莱州市在农业生产中应用了轮间作、节水灌溉和病虫害统防统治等，但距离农业高质量绿色发展尚有差距。主要原因：一是政府、农业企业、农民合作社和种植户缺乏农业生物多样性保护的意识与技术应用能力；二是用于支持农业可持续生态系统转型的资金不足，现有资金仅覆盖了高标准农田建设、减肥减药和农业灾害保险等；三是支持农业绿色转型的技术规范不足，现有的农业生产技术标准更多注重保产。

（3）支撑农业生态系统转型的市场价值链构建不足。莱州市虽有一些较强的种业公司，但在农产品精深加工，产品附加值提升，品牌创建溢价，一二三产融合价值挖掘存在不足。突出问题主要有新型经营主体与小农户利益联结关系较为松散，农民在价值链中参与度较低，利益分配机制尚不完善，对农户的增收带动效应较弱。

（4）面向可持续发展的农业绿色转型知识共享和交流机制不健全。莱州市尚缺乏面向可持续发展的农业生态系统转型利益相关方的知识共享和交流平台，需要政府发挥核心引领作用，创新机制和搭建平台，吸引尽可能多的公共和私人投资加入面向可持续发展的农业生态系统转型项目。

7.3.3　项目设计目标、设计原则、总体思路及技术路线

7.3.3.1　项目设计目标

以小麦、玉米和苹果生产能力提升为前提，以农业生物多样性保护和生态恢复、农业系统固碳减排为宗旨。通过项目实施，到2026年莱州市起草并建议通过的省级改进政策1个，培育可应用ILM的地方政府的决策者和技术人员80名（至少50%女性），参加能力建设活动的农民6 000人（至少50%女性），因项目实施收入增加超过10%的农民600名（至少50%女性）。农业ILM面积3万hm²，良好农业实践的农田面积3万hm²，生物多样性保护和生态恢复面积8 000 hm²。与2021年比，2026年项目干预区化肥减量10%，农药减量6%，土壤有机质含量增加6%，农产品平均产量增加6%；累计减少GHG排放直接72万t二氧化碳当量和间接18万t二氧化碳当量；实现植物和动物的物种不减少，作物的种类增加5%。

7.3.3.2　项目设计原则

因地制宜原则：项目设计将围绕莱州市小麦、玉米、果树等产业发展问题导向，立足本地农业资源禀赋、区域特色和发展基础等因素，因地制宜地制定实施成本较低、可操作性较强的方案。

整体系统原则：统筹"山水林田湖草沙"系统治理，依据生态学原理，对山水林田路等做好总体布局设计，注重农田生物多样性与周边生境生物多样性的互通互连，充分发挥周边生境生物多样性对农田生态功能的促进作用。

7.3.3.3　项目总体思路及技术路线

依据莱州市的自然资源禀赋，针对莱州市农业农村可持续发展的瓶颈，开展农业生态系统的综合管理、农业绿色发展新技术和新模式创新与推广，建立生态补偿激励机制和利益相关者伙伴关系，促进农产品价值链延伸与提升，实现莱州市生物多样性、水土保持、减缓气候变化、粮食安全和农村可持续生计的协同发展，为助推莱州市全面乡村振兴和农业高质量发展提供政策建议，也为山东省甚至我国农业生态系统创新性转型提供示范样板（图7.3）。

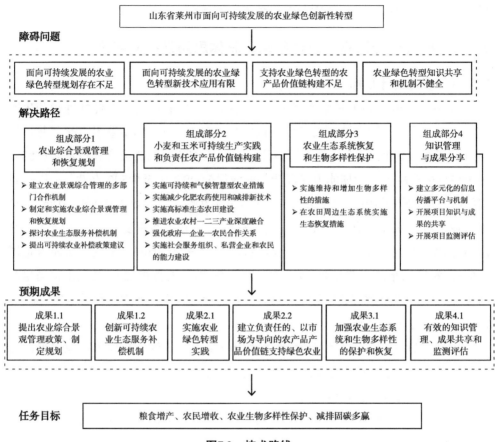

图7.3　技术路线

7.3.4　项目实施及示范内容

7.3.4.1　农业ILM和恢复规划

由莱州市农业农村局牵头，生态环境局莱州分局、莱州市自然资源和规划局、莱州市财政局协助。

目标任务：培育更具有能力应用ILM的地方政府的决策者和技术人员的数量80名（至少50%女性）；起草并建议通过的省级改进政策1个；实施农业ILM面积3万hm^2（表7.14）。

基线情况：莱州市属胶东丘陵，地势西北低、东南高，拥有海岸线长108 km，陆域面积1 928 km²，主要分为5种地貌类型。南阳河口以北及虎头崖以西的沿海地带为滨海低地，面积346.2 km²，占全市总面积的19%。滨海低地以东为洪积、冲积平原，面积409.7 km²，占全市总面积的22.6%。东南及东北部山地周围为剥蚀丘陵，面积464.1 km²，占全市总面积的25.3%。山前岗地呈不规则带状分布于平原与丘陵之间，面积409.7 km²，占全市总面积22.6%。市境东及东南部为侵蚀低山，面积186.7 km²，占全市总面积10.3%。境内主要山脉自南向北有马山山脉、吴家大山山脉和云峰山脉，自东向西有仓石山脉、大沟山脉、天齐山脉和崮山山脉，森林覆盖率为7.74%。有南阳河、王河、朱桥河、龙泉河、苏郭河、龙王河、沙河、胶莱河等河流16条，除胶莱河外，其余河流皆发源于本市的东南山区，源近流短，属季节性河流。百里海岸沙滩连绵，有三山岛、石虎嘴、刁龙嘴、海庙后、虎头崖、太平湾等自然港湾。境内主要有大基山省级自然保护区面积0.79万hm²，莱州湾省级湿地自然保护区面积1.35万hm²，重点公益林面积1.29万hm²。

实施内容：以农业生态服务功能提升为核心，围绕山水林田综合管理和农村环境改善，以现有规划（如土地利用规划、可持续农业发展规划和乡村振兴规划）为基础，制定市级ILM和恢复规划，重点开展莱州湾沿海滩涂湿地、天然/人工林及周边农田、工矿用地的生态恢复与保护。征求可持续农业生态转型不同利益相关方意见，探讨农业生态服务补偿机制，提出莱州市ILM生态支撑和可持续农业补偿政策建议。

表7.14　莱州市农业ILM年度计划

干预活动	实施区域	实施面积（万hm²）					
		2022年	2023年	2024年	2025年	2026年	合计
沿海滩涂湿地保护	金城镇、三山岛街道、金仓街道、城港路街道、永安路街道、虎头崖镇、沙河镇、土山镇	0.2	0.2	0.2	0.2	0.2	1
防护林及周边农田保护	金城镇、三山岛街道、金仓街道、虎头崖镇	0.4	0.4	0.4	0.4	0.4	2
合计		0.6	0.6	0.6	0.6	0.6	3

7.3.4.2　主要粮食作物的可持续生产实践和负责任农产品价值链构建

由莱州市农业农村局牵头，莱州市市场监督管理局、生态环境局莱州分局、莱州市商务局、莱州市文化与旅游局、莱州市财政局协助。

（1）主要粮食作物的可持续生产实践。

目标任务：采用改进的做法/良好农业实践的农田面积3万hm^2，改进/新建土地使用、生物多样性、GHG排放、气候变化影响的指标监测系统1个，减少GHG排放直接72万t二氧化碳当量和间接18万t二氧化碳当量，项目区化肥减量10%，农药减量6%，土壤有机质含量增加6%，平均产量增加6%（表7.15）。

基线情况：莱州市耕地总面积6.67万hm^2，有4.3万hm^2的小麦—玉米轮作区，播种面积常年稳定在8万hm^2以上，小麦常年种植3.74万hm^2，玉米种植4.58万hm^2，总产量超过50万t（2021年夏粮23.2万t，秋粮29.7万t）；果园0.76万hm^2，总产量32万t，以苹果为主，蔬菜0.63万hm^2。莱州市已实施高标准农田建设面积4万hm^2。2021年小麦直接还田率达到94%，玉米直接还田率达到80%，土壤有机质含量平均为17.8 g/kg，化肥使用量为39 325 t，农药使用量为1 029 t。目前，莱州市农村一二三产业融合发展不足，对农业多功能开发力度不够，对农业的生态、休闲体验、自然教育、康养及文化传承价值挖掘不足。农产品安全隐患仍然存在，地膜、农药、化肥用量依然较大，农产品安全隐患依然较大。土地和环境退化方面面临的主要挑战是大规模使用化肥和农药导致土壤和水污染，农业耕作方式不当导致土壤板结，水资源过度开发导致缺水。此外，单一的种植结构导致农业生物多样性和农田景观多样性较差。

实施内容：以增强生态功能，改善土壤质量和肥力，减少GHG排放，并建立有韧性的农业生产模式。实施可持续和CSA，示范有效的水土管理，优化产地环境。应用减少化肥和农药使用与GHG排放的技术措施（例如测土施肥、配方施肥、缓控释肥、IPM，生态拦截系统和节水灌溉）。高标准生态农田建设（如平整土地、改善灌排、提高田间道路通行能力）。可选用以下干预措施的一种或多种：①保护性耕作（轮间套作）；②节水灌溉；③良种（气候适应性强、高产、低排放）；④立体种养（林下养禽畜）；⑤高标准农田建设；⑥IPM（统防统治、高效低毒低残留农药、无人机喷药、生态调控、理化诱杀等）；⑦水肥一体化；⑧生态拦截；⑨污染预防（农药包装、农膜回收等）；⑩有机质增加（秸秆还田、有机肥、生物菌肥、绿肥等）。

表7.15 良好农业实践年度计划

实施工程	干预措施	实施面积（万hm²）					
		2022年	2023年	2024年	2025年	2026年	合计
耕地质量提升	①⑤⑩	0.2	0.2	0.2	0.2	0.2	1.0
化肥减量	③⑦⑧⑩	0.4	0.4	0.4	0.4	0.4	2.0
农药减量	③⑥⑨	0.3	0.3	0.3	0.3	0.3	1.5
固碳减排	①②④⑩	0.2	0.2	0.2	0.2	0.2	1.0
合计（扣除重复区）		0.6	0.6	0.6	0.6	0.6	3.0

（2）负责任农产品价值链构建。

目标任务：600名农民（含50%女性）受益于项目支持的农业食品价值链，农民收入增加10%（采取抽查方式），至少取得2个绿色/有机农产品认证；至少有2个公司/农民合作社有能力支持负责任的价值链。

基线情况：莱州市是中国玉米良种之乡，扶持培育了以登海种业为旗舰、19家特色种苗企业为支撑的现代种业企业方阵，成功创建以种业产业为核心的省级现代农业产业园。植物新品种保护权数量居全国县级市首位，登海种业先后8次创造我国夏玉米单产最高纪录，2次创造世界夏玉米单产最高纪录，掖单13号玉米品种荣获国家科技进步奖一等奖，莱州冬小麦3次刷新全国最高亩产纪录。莱州市共有农业龙头公司44家，其中国家级龙头公司1家，省级龙头公司9家，市级龙头公司34家；合作社2 407家，其中示范社108家，包括国家级示范社5家，省级示范社25家，烟台级38家，县级示范社40家；有家庭农场390家，其中示范农场46家，包括省级示范场5家，烟台级33家，县级8家。2021年，莱州市农民人均收入为24 021元/年。

实施内容：深度挖掘主粮多样化种植、丘陵生态果园（苹果为主）的景观美学价值功能，结合其现有民宿、农家乐等休闲农旅资源，进一步将休闲农旅与科普教育、农耕研学、创意美学、健康养老等新业态深度融合，推进农业农村一二三产业深度融合，培养至少有2个省级农民合作社成为有能力支持负责任的价值链的市场主体，认证至少取得2个绿色/有机农产品，提供更多当地村民雇工岗位，带动600个农民增收10%以上，其中女性不少于300名。

7.3.4.3 农业生态系统恢复和生物多样性保护

由莱州市农业农村局牵头，生态环境局莱州分局、莱州市自然资源和规划局、莱州市财政局协助。

目标任务：实现物种和生态系统指标，植物和动物的物种不减少，作物的种类增加5%。固碳减排，减少GHG排放直接72万t二氧化碳当量和间接18万t二氧化碳当量。在生态恢复和改善管理下的周围生态系统的山地和农田面积0.8万hm²（表7.16）。

基线情况：境内植物资源有林木类，共41科150余种，包括苹果、梨、杏、桃、樱桃、葡萄、槐树等；牧草类10余种包括黄白草、羊胡子、大米草、驴皮亚、胡枝子等；药用植物673种包括沙参、茅根、甘草、龙胆草、桑皮、防风、白芍、半夏、桔梗等；水生植物29种，其中海生植物包括礁膜、孔石莼、肠浒苔、刺松藻、裙带菜、海蒿子等，淡水植物包括蒲子、浮萍、水葱、莲、藻等。禽类包括山鸡、野鸽、啄木鸟、猫头鹰、海鸥等；昆虫类共有2门3纲30科70种，包括姬蜂、茧蜂、小蜂、蜜蜂、瓢虫、虎甲、步甲、寄蝇、食蚜蝇、食虫虻、蝎蝽、草蛉、蜘蛛等；浅海经济鱼虾蟹类40余种，沿海、滩涂、潮间带经济贝类共144种，淡水鱼类8科24种。集约化生产方式加速了农田、园地生态系统物种单一化和群落结构简单化进程，农业生物多样性遭到严重破坏，作物及有益动物种类和数量显著减少，丘陵区存在农田景观破碎化、水土流失问题。目前，莱州市主要农作物包括小麦、玉米、大豆、花生、油菜、马铃薯、甘薯、苹果等10余种。

实施内容：在农田周边生态系统中进行生态恢复，以增强农业生态系统的生态与服务功能。实施维持和增加生产系统生物多样性的措施（如：作物多样性种植、保护周边重要动植物物种、农林复合经营、重要物种栖息地生境保护）。可以采取以下干预措施之一或几种：①坡地绿化治理，防止水土流失和水源保护（斜坡植被缓冲带）；②构建生态走廊（沿河、农村道路、沟渠、田坎构建乔木—灌木—草立体生态网）；③农林复合系统（如果粮、果油间作）；④作物多样化种植（粮油、粮饲轮间套作）；⑤农田边界花草植物带；⑥农田内部甲虫堤。

表7.16　生态系统恢复与生物多样性保护年度计划

实施工程	干预措施	实施区域	实施面积（万hm²）					
			2022年	2023年	2024年	2025年	2026年	合计
生态系统恢复	①②	三山岛街道、城港路街道、平里店镇、郭家店镇、程郭镇、驿道镇、朱桥镇	0.04	0.04	0.04	0.04	0.04	0.2
生物多样性保护	③④⑤⑥	平里店镇、郭家店镇、程郭镇、驿道镇、朱桥镇	0.12	0.12	0.12	0.12	0.12	0.6
合计			0.16	0.16	0.16	0.16	0.16	0.8

7.3.4.4　知识管理与成果分享

由莱州市农业农村局牵头，生态环境局莱州分局、莱州市自然资源和规划局、莱州市财政局、莱州市妇联协助。

项目目标：参加能力建设活动的农民（按性别分类）人数达到6 000人（至少50%女性）。参与全球影响力项目重大事件和活动，建立多元化的信息传播平台与机制，依托"同一个星球网络可持续粮食系统计划"、国家和省级平台，开展项目知识与成果的共享，支持项目成果在不同层次水平上的推广应用（表7.17）。

实施内容：采用线下授课、现场观摩、线上直播、网络课程等多种手段对农业管理者、技术人员、生产者开展知识培训，内容涵盖全球环境基金项目所涉及的农业ILM和恢复规划、良好农业实践技术经验、生态恢复和生物多样性保护和农业价值链构建等。通过全球环境基金项目官网、山东省农业农村官网、莱州市人民政府官网、微信公众号、短视频平台传播分享项目成果，每年2～3次，提炼典型做法在市级以上媒体上宣传报道1次。

表7.17　知识培训年度计划

培训内容	培训数量（人次）					
	2022年	2023年	2024年	2025年	2026年	合计
农业ILM和恢复规划	10	20	20	0	0	50
良好农业实践技术经验	1 000	1 000	1 000	1 000	1 000	5 000

（续表）

培训内容	培训数量（人次）					
	2022年	2023年	2024年	2025年	2026年	合计
生态恢复和生物多样性保护	100	100	100	100	100	500
农业价值链构建	100	100	100	100	100	500
合计	1 210	1 220	1 220	1 200	1 200	6 050

7.3.4.5 项目核心示范区

由莱州市农业农村局牵头，生态环境局莱州分局、莱州市自然资源和规划局、莱州市市场监督管理局、莱州市财政局协助。

核心示范区在满足农产品供给的同时，按照生物多样性保护与生态修复、良好农业实践/CSA、化学品减量等综合措施，从而实现对生物多样性、水土保持、减缓气候变化、粮食安全和农村可持续生计的协同发展。莱州市共打造3个项目核心示范区，分别选择在莱州市郭家店镇院庄村、莱州市城港路街道朱旺村和莱州市朱桥镇由家村。

（1）郭家店院庄示范区。

①基线情况。示范区位于莱州市郭家店镇院庄村，实施主体为莱州市新力农业专业合作社。合作社以家庭为单位入股合作社成员总数达到1 000余户，入社成员达到3 000多人，已共流转土地2 300多亩，完成1 400多亩土地整理和土地复耕工作，实现了撂荒地应种尽种。目前，果树种植园内现有优质苹果树200多亩、桃树种植100亩、雪松4 000棵、优质美国海棠果树5 000棵、石榴树3 000棵，农作物种植园内共种植地瓜400亩、花生600亩、玉米300亩、小麦500亩、板栗50亩、核桃50亩、马铃薯40亩、小米30亩。

建有办公楼、果蔬保鲜库、材料车间厂房、混凝土搅拌站、蓄水池（水库修建及固坝）等基础设施建设，拥有大型小型拖拉机10台、联合收获机2台、大型翻转犁1台、旋耕机3台、果园打草机1台、30铲车1台、挖掘机1台、土壤检测仪4台。目前，合作社每年可为当地村民提供1.5万个工作岗位，真正实现了村民在家门口就业的愿望，同时也为当地贫困家庭发放资助款近20万元。

2021年，示范区小麦平均亩产量350 kg，玉米平均亩产量450 kg，土壤有机质含量为12.4 g/kg，化肥用量35.2 kg/亩，化学农药用量1.7 kg/亩。合作社重视现代农业科技推广应用和技术培训，先后与中国农业大学、山东建筑大学、鲁东大学等多次开展产业园建设与农业种植技术交流，学习先进的选种和种植技术，同时派技术人员实地下乡到农户进行技术指导，开展多次"送农药、送肥料"等农资下乡服务，累计为农户节约70多万元。

②存在问题。示范区为丘陵坡地，灌溉不便利，农田生态基础设施欠缺，粮食与果品产业价值链有待提升。

③实施内容。在耕地质量提升、化肥减量增效和固碳减排方面，通过土地整理、修建机井、提灌站和蓄水池，构建水肥一体化系统，实现水肥双节约，完成2 000亩高产稳产、旱涝保收的高标准农田建设，应用种—肥同播机和秸秆粉碎还田机实施小麦、玉米种植收获全程机械化。在化学农药减量增效方面，基于病虫害精准预测的基础上，小麦和玉米生产实施统防统治科学用药，果树采用杀虫灯诱杀。在生态系统恢复和生物多样性保护方面，实施粮油轮作、杂粮杂豆间作和果园生草，农田边界构建植物缓冲带。在农业价值链延伸与提升方面，增加社员农户利益分红比例，积极发展生态果园休闲旅游，创建绿色生态农产品品牌，引导农户参与示范区农副产品销售，增加项目区农户收入。

④实现目标。与2021年相比，2026年示范区化肥用量减少10%，农药用量减少10%，土壤有机质含量增6%，每公顷平均产量增加6%，实现物种和生态系统指标，作物的种类增加至少5%，植物和动物的物种不减少，减少GHG排放，200个农民因项目实施收入增加10%，受益人至少有50%为女性。

（2）城港路朱旺示范区。

①基线情况。示范区位于莱州市城港路街道朱旺村，实施主体为莱州市城港路维松植保专业合作社。合作社固定工人8人，农忙临时雇用人员50～60人，入社成员165人，年营业额1 200余万元，其中农机服务800万元、植保服务100万元、农作物收入300万元。合作社占地约10亩，建筑面积1 300 m²，其中钢结构一体式标准库房1 050 m²，维修间52 m²。共流转土地面积达到1 106亩，实现了对内规模化经营，对外开展"订单作业""一条龙作业"，重点实施小麦、玉米播

种、耕作、收获全过程机械化作业。拥有拖拉机35台，小麦联合收获机8台，玉米联合收获机11台，免耕播种机6台，深松整地机4台，耕、播、植保等其他配套机械37台（套）。

2021年，合作社服务区内小麦平均亩产量480 kg，玉米平均亩产量500 kg，土壤有机质含量为14 g/kg，化肥用量36.7 kg/亩，化学农药用量0.75 kg/亩。

②存在问题。示范区为临近海边，存在水环境及生态保护约束，农业休闲旅游价值链有待开发。

③实施内容。在耕地质量提升、化肥减量增效和固碳减排方面，通过土地整理完成1 000亩高标准农田建设，应用免耕播种机、种—肥同播机、秸秆粉碎还田机、深松整地机实施小麦玉米轮作全程机械化与绿色化。在化学农药减量增效方面，基于病虫害监测精准预测的基础上，小麦和玉米生产实施统防统治科学用药，采摘大棚实施病虫害防控采用诱集植物、信息素和生态调控技术。在生态系统恢复和生物多样性保护方面，实施粮油轮作、粮草轮作，农田边界构建植物缓冲带，升级排灌沟渠为生态沟渠减少水环境污染。在农业价值链延伸与提升方面，发展白菜和油葵制种、建设千亩观赏花海和采摘大棚，集科技示范、旅游观光和科普教育于一体，增加项目区农户收入。

④实现目标。与2021年相比，2026年示范区化肥用量减少10%，农药用量减少10%，土壤有机质含量增加6%，每公顷平均产量增加6%，实现物种和生态系统指标，作物的种类增加至少5%，植物和动物的物种不减少，减少GHG排放，200个农民因项目实施收入增加10%，受益人至少有50%为女性。

（3）朱桥由家示范区。

①基线情况。示范区位于莱州市朱桥镇由家村，实施主体为琅琊岭小龙农产品农民专业合作社。现拥有员工500人，实现年销售收入8 137万元，拥有固定资产3 010万元。共流转土地3 000亩，蔬菜林果种植面积2 800亩，畜牧养殖面积200亩。苹果示范园面积2 000亩，年产苹果近2 500 t，主要种植优良品种：烟富3、美味、红嘎啦、华硕、首红、天汪1号。

2021年，示范区苹果平均亩产量3 000 kg，土壤有机质含量为8.3 g/kg，化肥用量21.9 kg/亩，化学农药用量0.62 kg/亩。"琅琊岭"牌苹果在2015年经中国绿色食品发展中心许可使用的"绿色食品"证书和"中国长寿之乡养生名优产品"。苹果生产过程采用免套袋、化学疏花疏果技术，控制枝量、起垄覆盖、行间生草，采用有机肥发酵还田、水肥一体化精准施肥、病虫害精准测报、悬挂杀虫灯、诱捕盒等物理和生物防治措施进行绿色防控，减少了化肥和农药的使用。建有3 000 t果蔬保鲜库和6 000 t气调库各一座，保证果蔬的新鲜品质。初步形成集种植、养殖、加工、销售、观光、休闲等多位一体的多功能现代生态农业园区。

②存在问题。示范区以果品种植和生产为主，存在土壤有机质含量低、农业生物多样性保护不足、品牌溢出价值有待提升的问题。

③实施内容。在化肥减量增效和固碳减排方面，种植多种绿肥，提高土壤有机质含量。在化学农药减量增效方面，进一步完善现有绿色防控技术体系，利用诱集植物集中诱杀害虫。在生态系统恢复和生物多样性保护方面，实施粮果园行间、周围构建功能植物带（如蜜源植物带、驱避植物带等）。在农业价值链提升方面，强化品牌的绿色和生态价值，形成品牌溢价效应，同时打造种植、养殖、加工、销售、观光、休闲等多位一体的多功能现代生态农业园区，带动项目区农户增收。

④实现目标。与2021年相比，2026年示范区化肥用量减少10%，农药用量减少10%，土壤有机质含量增加6%，每公顷平均产量增加6%，实现物种和生态系统指标，作物的种类增加至少5%，植物和动物的物种不减少，减少GHG排放，200户农民因项目实施收入增加10%，受益人至少有50%为女性。

7.3.5 项目监测方案

7.3.5.1 监测内容

监测指标包括：减少GHG排放（二氧化碳当量，t）、化肥减量［全部化学肥料（NPK肥）的总量折纯，%］、农药减量（所有农药产品折算实际有效化学成分进行计量，%）、土壤有机质含量提升（%）、每公顷平均产量、生产系统中可持续土地管理下的景观面积（hm^2）、退化农用地修复面积（hm^2）、植物和动物的物种数量、作物种类。

7.3.5.2 项目监测点设置

利用现有监测系统，根据实施区域和内容，科学设置监测点和监测内容，单项措施监测单项成效指标，综合措施监测综合成效指标。监测点要求覆盖所有干预区且具有代表性。

（1）项目市监测系统建设情况。莱州市建有耕地质量监测系统，有耕地质量监测点位21个，可监测指标包括土壤pH、有机质、全氮、有效磷、速效钾等；建有病虫害监测体系，有病虫害监测点9个，可对小麦、玉米、苹果的主要病虫害开展全生长期人工和智能相结合的调查监测。拟建立农药使用强度监测体系和农业生物多样性监测体系，设立农药使用强度监测点和农业生物多样性监测点各3个，农药使用强度监测点可调查统计一年内购买农药日期、登记证号、购买数量、购买金额、用药日期、用药作物、防治对象、用药面积和合计用药量等信息，农业生物多样性监测点可调查统计种植作物种类、非作物植物种类及分布、动物种类及数量等信息。

（2）监测点位设置。项目监测点位布设信息见表7.18。

表7.18　莱州市监测点位布设信息

监测内容	监测点位	监测时间	备注
有机质	A. 郭家店镇院庄村 东经120°11′34″ 北纬37°6′27″	2026年	每年实施区域不同，每个核心示范区设立1个监测点
化肥施用量		2022—2026年	每年实施区域不同，每个核心示范区设立1个监测点
农药施用量	B. 城港路街道朱旺村	2022—2026年	每年实施区域不同，每个核心示范区设立1个监测点
GHG排放	东经119°54′35″ 北纬37°15′42″	2022—2026年	GHG累计排放量，每个核心示范区设立1个监测点
农业生物多样性	C. 朱桥镇由家村 东经120°0′54″ 北纬37°19′42″	2026年	每年实施区域不同，每个核心示范区设立1个监测点

7.3.6　项目实施计划

为全面推进山东省莱州市在农业景观尺度制定ILM系统，促进小麦、玉米等主要粮食作物的可持续粮食生产实践和负责任农产品价值链构建，农业生态系统和生物多样性的保护和恢复，知识管理和成果共享，以及项目区监测评估，实现山东省莱州市粮食生产能力提升与生态景观构建的项目目标。制订如下项目实施计划（表7.19）。

表7.19 莱州市项目实施计划表

产出	主要活动	2022年				2023年				2024年				2025年				2026年			
		Q1	Q2	Q3	Q4	Q1	Q2	Q3	Q4	Q1	Q2	Q3	Q4	Q1	Q2	Q3	Q4	Q1	Q2	Q3	Q4
组成部分1：在农业生产景观尺度制定ILM系统																					
成果1.1：加强ILM政策、规划和能力，以促进参与式规划，并使与农业景观有关的国家和省级机构能够实现其可持续农业、乡村振兴、土地恢复以及气候和生物多样性目标。																					
产出1.1.1：制定和实施莱州市ILM和恢复规划，并支持跨部门的规划及发规模扩大，确保妇女的参与。	活动1.1.1.1：对莱州市农业用地和周围生态系统的土地退化、生物多样性和生态系统（包括生态系统、物种和基因级别的培育和野生植物）进行实地调查和评估、分析对生物多样性（包括农业生物多样性）和生态系统的主要威胁及其根源，以及预期的气候变化影响，确定组成部分2和组成部分3下的优先干预领域，为产出3.1.1制定衡量生物多样性的指标。																				
	活动1.1.1.2：根据现有规划（如土地使用规划，可持续农业发展和乡村振兴规划）、实地调研、专家评估（包括空间分析）和利益相关者的意见，制定详细的ILM和恢复规划。																				
	活动1.1.1.3：组织磋商会议，与利益相关者讨论确定规划。																				
	活动1.1.1.4：组织定期的协调会议，以支持ILM和恢复规划的实施和监测（实地活动将在组成部分2和组成部分3下开展）。																				
	活动1.1.1.5：支持将ILM和恢复规划纳入莱州市下一个五年规划（2026—2030）或其他相关规划（如果相关）。																				

（续表）

产出	主要活动	2022年				2023年				2024年				2025年				2026年			
		Q1	Q2	Q3	Q4	Q1	Q2	Q3	Q4	Q1	Q2	Q3	Q4	Q1	Q2	Q3	Q4	Q1	Q2	Q3	Q4
产出1.1.2：对莱州市政府的决策者和技术人员实施性别敏感能力建设，主要在当地水土资源可持续综合管理，可持续农业、生物多样性保护和恢复方面。	活动1.1.2.1：为决策者和技术人员制定针对性别敏感的培训计划，内容涉及土地和水资源可持续综合管理，以支持ILM/恢复规划以及当地减贫和乡村振兴目标。																				
	活动1.1.2.2：对决策者和技术人员（男性和女性）以及民间社会和学术界的代表进行培训。																				
产出1.1.3：建立（或改进现有的）系统和实施有效实施可持续粮食系统和土地利用的监测系统。	活动1.1.3.1：制定农场及周围景观监测的指标和准则：①土地利用/土地退化/土壤质量；②生物多样性和生态系统；③GHG排放和固碳；④对受益人的社会经济影响，如收入增长和减少贫困等；⑤IPM将与监测系统的现有监测报告要求建立联系，以使指标具有相关性、现实性和可持续性。																				
	活动1.1.3.2：开发或加强现有的用于监测上述指标的监测系统。																				
	活动1.1.3.3：应用监测系统并进行监测，至少每年1次。																				
成果1.2：创新农业生态服务激励机制，建立可持续、安全和智慧型的农业食品系统。																					

（续表）

产出	主要活动	2022年 Q1	Q2	Q3	Q4	2023年 Q1	Q2	Q3	Q4	2024年 Q1	Q2	Q3	Q4	2025年 Q1	Q2	Q3	Q4	2026年 Q1	Q2	Q3	Q4
产出1.2.1：分析现行的农业生态服务补偿机制，支持国家/省级农业政策的改革，以加强农业生产中的生物多样性，以及土地和土壤资源的可持续性。	活动1.2.1.1：与利益相关者协商，分析现有和未来潜在的与目标粮食作物有关的农业生态服务/生态补偿机制的情况。																				
	活动1.2.1.2：为国家/省级激励机制/政策改革制定详细的建议/方案（包括对妇女和青年赋权和农村振兴的考虑）。																				
组成部分2：采用和推广可持续农业做法，以增强生态功能，改善土壤质量和肥力，减少GHG排放，并建立有弹性的农业生产模式。																					
成果2.1：促进小麦、玉米等主要粮食作物的可持续粮食生产实践和负责任农产品价值链构建。																					
产出2.1.1：实施固碳和减排，示范和有效的土壤及水管理；优化农业环境。	活动2.1.1.1：对小麦、玉米、苹果等主要的现有技术准则和GAP进行详细分析，包括其对生物多样性、土地退化、固碳和GHG减排，气候变化适应和粮食安全目标的贡献。																				
促进固碳和减排，示范和有效的土壤及水管理；优化农业环境。	活动2.1.1.2：与利益相关者协商，修订现有的或制定新的可持续和CSA实践的技术指南和/或改良农业实践。																				
	活动2.1.1.3：试验和示范农田多样性种植、生态景观恢复、固碳减排新技术。																				

（续表）

产出	主要活动	2022年				2023年				2024年				2025年				2026年			
		Q1	Q2	Q3	Q4	Q1	Q2	Q3	Q4	Q1	Q2	Q3	Q4	Q1	Q2	Q3	Q4	Q1	Q2	Q3	Q4
产出2.1.2：实施减少化肥农药使用和排放的创新，如精准农业、土壤检测、IPM、生态拦截系统和数字技术。	活动2.1.2.1：详细分析和评估创新技术的可行性，以减少化学品的使用和排放。与项目区的利益攸关方和私营部门伙伴合作，以减少化学品的使用和排放。																				
	活动2.1.2.2：与产出2.1.1下制定的准则和/或GAP标准协调，制定详细的IPM计划和关于下选定创新的技术准则。																				
	活动2.1.2.3：实施田间活动以支持上述创新的实施。																				
产出2.1.3：加强按国家标准实施的高标准生态农田建设的能力。	活动2.1.3.1：提出将生物多样性因素纳入高标准生态农田建设的建议（如有利于生物多样性的灌溉基础设施，以保护河流沿岸的生物多样性）。																				
	活动2.1.3.2：在莱州市实施高标准的生态农田建设，例如土地整理、耕地平整、改善农田排灌、改善农田间道路。（通过政府配套资金）在必要时，该项目将提供技术援助，以实施上述关于纳入生物多样性考虑因素的建议。																				
	活动2.1.3.3：在相关情况下，加强机械化设施以支持新的作物生产实践，并改善田间监测设备。（通过政府或私营部门的配套资金）。例如针对固碳和GHG放的监测设备。																				
成果2.2：负责任的、以市场为导向的农业价值链得到实施和扩大，包括通过政府—私营企业—农民合作社伙伴关系和能力建设。																					

（续表）

产出	主要活动	2022年				2023年				2024年				2025年				2026年			
		Q1	Q2	Q3	Q4	Q1	Q2	Q3	Q4	Q1	Q2	Q3	Q4	Q1	Q2	Q3	Q4	Q1	Q2	Q3	Q4
产出2.2.1: 在农民（特别是妇女）、推广服务提供者、企业和合作社之间增强可持续生产和农业价值链的能力和意识。	活动2.2.1.1: 为莱州市农民、推广服务提供者、企业和合作社制定对性别敏感的培训和推广计划（包括相关的农民田间学校），内容如下：①在产出2.1.1和2.1.2下制定的技术水准则标准；②相关的价值链。培训还可以纳入农业和生态恢复的各个方面，以支持产出3.1.1和3.1.2的执行。																					
	活动2.2.1.2: 与莱州市当地利益相关者（男女）实施培训和推广计划，同时进行产出2.1.1和2.1.2下的田间活动。																					
产出2.2.2: 发展市场联系和创新的市场渠道和融资渠道（特别是针对女性农民，以支持可持续农业价值链。	活动2.2.2.1: 基于PPG期间进行的分析，详细分析并评估自市场联系/价值链以及莱州市农民（尤其是妇女和青年）的融资渠道）的可行性。																					
	活动2.2.2.2: 通过创新的生态价值评估方法，在应用ILM和GAP措施的基础上，评估农产品的生态价值。																					
	活动2.2.2.3: 初步建立基于生态价值的生态农产品认证体系。																					
	活动2.2.2.4: 向当地企业和合作社提供技术援助，以发展和实施可持续生产作物的选定价值链，包括认证和可追溯系统，数字技术和金融服务。这可能涉及使用现有的认证，如绿色/有机认证，以及基于农产品生态价值的生态产品认证系统。																					
	活动2.2.2.5: 支持推广和扩大对生态责任的、包容性的价值链，支持为可持续作物生态产品提供金融服务。																					

（续表）

产出	主要活动	2022年				2023年				2024年				2025年				2026年			
		Q1	Q2	Q3	Q4	Q1	Q2	Q3	Q4	Q1	Q2	Q3	Q4	Q1	Q2	Q3	Q4	Q1	Q2	Q3	Q4
产出2.2.3: 建立政府—私营企业—农民合作伙伴关系（或加强现有的伙伴关系），并进行投资以支持可持续的价值链的推广和从投入品供应到生产、加工和销售的融资。	活动2.2.3.1: 通过让粮食生产商、加工商、经销商、贸易商、商业银行信用合作社以及国有企业在内的整个价值链参与进来，评估建立或加强公共部门—私营机构参与价值链关系和投资以支持上述价值链的可行性。																				
	活动2.2.3.2: 与合作社和私营企业合作实施伙伴关系和投资。																				
组成部分3: 农业生态系统和生物多样性的保护和恢复。																					
成果3.1.1: 加强农业生态系统和生物多样性的保护和恢复。																					
产出3.1.1: 实施干预措施以维护和增加农业生产系统的生物多样性。	活动3.1.1.1: 与所有的利益相关者协商，按照产出1.1.1下制定的ILM恢复计划在选定地点实施维护和增加生物多样性的干预措施。在本组成部分2下的干预措施将集中在景观层面，而组成部分2下的干预主要集中在农场层面。具体来说，这些措施将包括维护或增加加景观中的作物多样性的干预措施，以及保护农田生物多样性的重要栖息地，如河流沿线和农田周边植被。																				
	活动3.1.1.2: 评估实施的有效性并为在莱州市及其他县进行推广提供建议。																				
	活动3.1.1.3: 支持在莱州市及其他地区推广干预措施。																				

（续表）

产出	主要活动	2022年				2023年				2024年				2025年				2026年			
		Q1	Q2	Q3	Q4	Q1	Q2	Q3	Q4	Q1	Q2	Q3	Q4	Q1	Q2	Q3	Q4	Q1	Q2	Q3	Q4
产出3.1.2：在农田边界和周围生态系统中进行生态恢复（如通过坡地植被恢复、生态走廊、农场植树、树篱、茶分冲、拦藏），以增强农田边界和周围生态系统的生态功能。	活动3.1.2.1：根据产出1.1.1制定的ILM/恢复计划，详细制定莱州市农田边界和周围生态系统中的生态恢复的详细计划和技术准则。																				
	活动3.1.2.2：在选定地点实施植被恢复修复措施。																				
	活动3.1.2.3：评估实施的有效性并提供建议。																				
	活动3.1.2.4：支持恢复/修复干预措施的推广。																				
组成部分4：知识管理、成果分享与监测评估。																					
成果4.1：有效的知识管理/信息交流。																					
产出4.1.1：开展项目协调、知识管理和成果分享。	活动4.1.1.1：领导有效的项目协调，知识管理和成果分享，包括适应性的计划和管理。																				
	活动4.1.1.2：支持和监督性别行动计划，FPIC和害虫管理计划的实施，为项目人员和联络人组织性别培训。																				
成果4.2：有效的监测评估。																					
产出4.2.1：开展项目监测评估。	活动4.2.1.1：项目监测评估与根据产出1.1.3制定的监测过程密切相关，还将与FOLUR全球平台下与项目层面的监测建立联系。																				

7.3.7 项目效益分析

经济效益：通过合理耕作、秸秆还田和深松整地等农业技术措施的实施，土壤有机质含量将进一步增加，土壤理化性状得到改善，保水、保肥、通气能力明显增强；通过田块整治、土壤培肥改良，可增加土壤碳汇，有效提升耕地质量，提高农田综合生产能力。本项目化肥减量技术实施面积2万hm²，在2021年的基础上（折纯495.4 kg/hm²），2026年项目区化肥施用量减少10%，即减少化肥施用量49.5 kg/hm²，共可减少990 t化肥施用。化学农药减量技术实施面积1.5万hm²，在2021年的基础上（折纯13.0 kg/hm²），2026年项目区化学农药施用量减少6%，即减少化学农药施用量0.78 kg/hm²，共可减少11.7 t化学农药施用。耕地质量提升1万hm²，在2021年的基础上（小麦平均亩产量6 750 kg/hm²，玉米平均亩产量7 500 kg/hm²），2026年项目区粮食产量增加6%，即小麦和玉米产量分别增加400 kg/hm²和450 kg/hm²，共可增加小麦和玉米产量分别为4 000 t和4 500 t。

生态效益：有助于生物多样性保护、气候变化和土地修复3个目标的实现，通过水土资源管理，耕作措施改进、化学品减量等良好农业实践和区域ILM，使6万hm²农田景观得到改善，通过生态沟渠、生态廊道等生态系统修复和农田生境系统构建，修复土地面积达0.8万hm²，实现GHG减排、区域水质改善等。

社会效益：转变农民的生产观念，提升农业生产技术水平；产生良好的农产品品牌效应，促进农民增产增收；加强项目市/县和各级相关机构的能力建设；形成良好的农业新技术创新和推广的机制；最大限度地能使项目区的弱势群体成为该项目的直接受益者等。

第8章 农业绿色发展的对策建议

我国农业发展较长时期主要依赖过度资源消耗，农村生态环境已亮起红灯。推进农业绿色发展，是破解资源环境瓶颈的有效路径，是实现农业可持续发展的必由之路（葛鹏飞等，2018）。绿色发展不仅是我国传统农业发展方式的必然转变，更是我国实现农业高质量发展的必由之路（杜志雄等，2021）。要用绿色发展的理念引领我国农业发展，打造高质量、高效的农业发展方式。生物多样性友好型农业还没有完善统一的概念和运行框架，但根据国内外经验相关政策规定，生物多样性友好型农业的主要发展思路应该是通过监督管理和激励约束，普及生态友好型农业生产技术，降低农业生产过程中带来的农业污染，最大程度地保护耕地、土壤和水资源。发展生物多样性友好型农业首先是对一系列生态友好型农业生产技术与实践综合应用与推广，主要包括养分资源综合管理技术（如有机肥、绿肥及测土配方施肥）、秸秆综合利用技术（如秸秆还田）、水土保持技术（如保护性耕作和节水灌溉）、环境保护及污染防治技术（如合理施用化肥、施用低毒农药及病虫害绿色防治）等。农业绿色发展是一个长期持续的过程，借鉴国际经验，我国农业绿色发展要沿着以下几个方向继续努力。

8.1 建立现代绿色农业的保障体系

将绿色发展理念与农业绿色发展有关的法律法规进行融合，构建出可以引导全社会绿色发展理念的政策框架（谭淑豪，2021）。建立健全农业耕地保护、农业节水、农业污染防治、农业生态保护、农业化肥农药等投入品管理、农业产地环境保护等方面的法律法规，加大对破坏农业资源、环境及生态行为的惩处力度。我国可以借鉴欧盟出台的《欧洲绿色协议》，进一步建立全面系统化的绿色发展战略及路线图，明确中长期绿色发展目标，并将可持续因素作为所有政策制定的优先项，以最大程度地促进我国经济社会发展中各项政策制度与可持续性发展目标的协同发展。高效生态农业具有较大的正外部性效益，同时也承受着较大的机会成本，应实施扶持政策，建立激励机制，引导经营者的行为。

此外，还要通过相应的法规体系建立相应的约束机制，规范经营者行为。因此，一方面要加大资源保护、环境治理和生态恢复的投入；另一方面要健全法律法规和配套的标准体系，提高农业资源、环境和生态方面的违法行为处罚力度。要依据自然禀赋的市场供求和稀缺程度、损害成本和修复效益，建立生态补偿机制，鼓励社会各方参与，运用市场机制和经济手段，吸引社会资本，推行第三方治理。进一步完善农药化肥管理、农田废旧地膜综合治理、农业环境监测、农产品产地安全管理等法规规章与标准，完善农业节能减排法规体系，健全农业生产各个环节技术规范、节能减排标准体系。同时将执行与监管结合起来，明确奖罚制度。

采用规模化的运营模式。推动农村土地流转，促进土地适度规模经营。现代生态农业不同于传统生态农业，需要适度规模经营促进专业化生产、集约化投入和商品化产出，不断降低单位面积生产成本，不断提高经营主体的效益总量。同时，农业生态系统各子系统间的高效物质循环和能量转换也必须建立在一定规模之上。此外，具有一定规模的农业生态大系统和具有一定规模的各子系统，才能有效抵御大的自然灾害。当前，鉴于农村土地闲置或利用不充分现象日益显著，经营适度规模的生态农业已经具备了基本条件。因此，要加快培育新型农业经营主体在多维高效生态循环农业领域的技能，同时健全服务体系，提供从事现代生态农业的新型农业经营主体的生产和市场保障。

8.2 深化农业供给侧结构性改革，改善农业环境

借鉴欧盟"从农场到餐桌战略"，探索实现我国农业与粮食系统供给、需

求和供应链体系的闭环管理。深化农业供给侧结构性改革，积极发展可持续性强的农业形态。我国高度重视农业生产方式的转变，采取积极有效措施，促进可持续利用，把农业的绿色发展摆在突出的位置。借鉴欧盟"2030生物多样性战略"的自然资本逻辑，统筹实现农业生态系统的长期稳定与可持续发展。根据自然资源和生态环境要素禀赋，优调种养结构、粮经比例与品种结构，着力推动生态农业、无公害农业、绿色农业、有机农业、低碳农业、循环农业、清洁农业、数字农业、精细农业及标准化农业发展，缓解水、土壤和空气的污染状况；投资农业研究与创新，减少化学药物肥料的使用，逐步实现农业药物、肥料的有机替代。以种养品种结构布局的多样性、合理性引领产业发展的多元化、特色化和科学化。在循环农业方面，提高农业资源利用效率和改善农业生态环境尤为重要。以资源利用节约化、生产过程清洁化、产业链接循环化、农业废弃物处理资源化、质量安全优等化、农业产出高效化为主线，推广生产有机绿色无公害农产品，促进农业绿色循环低碳发展，着力完善循环农业发展体系，保护农业环境，增强农业可持续发展能力。

8.3　加强科技创新，积极开展绿色投入品研发创新和绿色防控

创新是引领发展的第一动力。国家创新能力的强弱一定程度上直接影响到生产力的水平，科技创新和制度创新为绿色发展奠定了基础。贯彻习近平新时代中国特色社会主义思想，落实创新驱动发展战略、乡村振兴战略和可持续发展战略，实现建设生态文明、建设美丽中国的战略任务，开展绿色投入品研发创新，推广应用新型肥料和高效低风险农药。大力发展有害生物绿色防控技术体系，助力实现农业绿色发展和农业农村现代化的目标。农作物病虫害防治针对不同的病、虫、草、鼠需要采取不同的防治技术，涉及细菌、真菌、病毒、线虫、昆虫、农药、机械等多学科知识，知识含量高、技术要求高。病虫害发生流行规律的研究、防治技术的提升、新技术新产品的研发，更离不开科技支撑，更需要加

强科学研究，加快成果转化，加速知识普及。

大力推进统防统治和绿色防控，提高农作物病虫害统防统治覆盖率，并推广高效低毒低残留农药、生物农药和现代施药机械，科学精准用药，严禁使用国家禁止的高毒、高残留农药，减少农业面源污染和内源性污染，控制农药使用量，力争实现农药使用量零增长。完善生物农药登记政策。加大生物农药推广力度，建立生物农药示范区，助推产业发展。全面实现有害生物绿色防控必然要求减少化学农药使用，除了需要强调采用生态调控、生物防治、物理防治等环境友好型害虫防治措施，更重要的是需要加强对有害生物暴发成灾和种群形成机制、生态防控理论基础、植物免疫形成机制以及绿色农药创制等基础理论方面的创新研究，全面提升有害生物防控水平，发展有害生物绿色防控颠覆性技术，才能满足国家粮食安全、农产品质量安全、生态安全和生物安全的重大需求。

近年来，随着国家生态文明建设和农业绿色发展的需要，病虫害绿色防控技术得到大力推广应用，对推动农药减量、农产品质量安全水平的提升和生态环境保护都发挥了积极的作用。《农作物病虫害防治条例》强调了绿色防控技术重点方向，是我国农作物病虫害治理能力提升的法律遵循，不但为做好重大病虫害防治工作提供了保障，也为农作物病虫害防治科技创新指明了方向。未来植物保护科技创新应更加侧重以需求为导向的生物防治、理化诱控、生态调控、免疫诱导等新产品、新技术研究，为农作物病虫害防治提供产品和技术支撑。加强对新发、突发的重大病虫害如草地贪夜蛾、柑橘黄龙病、小麦赤霉病等迫切需要的安全高效绿色防控产品与技术的研发，强化与新兴的材料科学、信息科学等交叉学科的联合，开展农作物病虫害危害规律和机制研究，研发新型农药与高效施药装备、生物调控与理化诱控技术产品，攻克有害生物抗药性监测与治理技术，集成农药减量控害及全程绿色防控技术。通过科技创新，为我国农作物病虫害绿色防控提供技术和产品保障，确保农产品质量安全、农村生态环境安全。加强农业绿色发展标准化、产业化、市场化、数字化建设，加快建立农业绿色标准体系，实施达标提质行动，引导经营主体推进农业标准化生产，强化对农产品质量安全的全程监管；以绿色为导向，优化农村一二三产业，增加农村生态服务产品供给；注重发挥市场作用，激发各类主体内生动力，引导农业绿色发展走良性可持续之路；注重大数据建设，推动农业生产数字化改造，为农业生产生活方式绿色转型奠定坚实基础。

8.4　适度增加环境补贴支付力度，促进农业生产主体行为的绿色化

理论和实践证明，农业环境补贴具有生态环境保护功能，借鉴发达国家经验，构建我国粮食安全和生态保护相关的农业补偿体系。我国农业补贴力度（尤其是环保补贴）相对较小，补贴机制需进一步完善。荷兰通过财政补贴方式调动农户参与农业生态环境治理积极性的做法，增强了农业的外部性，加强了农业环境修复。我国在农业生态环境保护方面的投入可以适度提高，优化财政资金支出构成，将财政支出重点向调动农户参与农业环境治理行动上倾斜，通过设置环境保护治理奖励项目，开展农户环境保护技能培训，开设环境保护知识讲座，激活农户参与农业生态环境治理的热情和主动性，将农业生产发展和环境保护有机结合，实现农业增产、农民增收、环境优良的多重目标。建立健全农业生态补偿机制，对保护耕地、水资源的主体给予补偿。调整农业补贴政策，将农业补贴从鼓励生产向鼓励绿色发展方向转变。建立相应的惩罚—激励机制，对使用高污染高毒农药和不规范使用农药化肥等行为进行惩罚，对使用生物农药、施用有机肥等具有正外部性的投入行为进行补贴，使农户能够因规范用药而获得收益，从而在源头上减少农户施药行为的随意性，引导农业生产者规范用药。

为达到化肥减量施用的长期政策目标，应借鉴日本公众参与型政策，充分发挥新型农业经营主体的带动作用。在农业生产经营过程中，农业协会、农业合作社等农业合作组织的介入不仅有助于生态农业技术普及，而且鉴于生态农业生产周期长，初期风险大、产量低、转换期长等特点，在生产环节也可以起到降低成本和相互监督等良性协同效应；同时，农业合作组织可凭借其自身优势充分发挥示范和宣传作用，通过科普和报纸、广播、传单等大众媒体普及减少化肥施用对环境保护和人类健康的重要性，使人们切实认识到化肥减量的必要性，促进广

大从事农业生产的组织、单位和农民生态、环保、法律意识的提高，从而引导其
转变传统农业生产方式。我国能否走出一条特色鲜明的农业绿色发展现代化道
路，从根本上来说，都将取决于能否形成一支具有生态自觉意识和绿色发展理
念、兼具企业家精神和工匠精神、能够对不断变化的市场迅速实施冲击反映式调
整、能够主要依靠自身力量而不是主要依赖政府的政策支持、能够自主发展且自
主发展能力强的、既区别于传统的小规模农户、也区别于企业化大规模农场，符
合未来农业发展整体目标实现的新型生产主体。政府应制定和实施相应政策，采
取生态补偿等具体措施，引导生态友好型农业合理、有序发展。此外，发展生态
友好型农业更重要的意义在于对常规农业进行生态化改造，将生态友好型农业理
念、原则和技术在常规农业中推广应用，促进我国农业的健康和可持续发展。

8.5　继续加强国际合作，推进农业生物多样性保护主流化

改革对农业生物多样性有风险甚至有害的鼓励措施，以尽量减少甚至避免
其负面影响，不仅是农业生物多样性履行《生物多样性公约》的现实要求，更直
接关系到我国生物多样性保护和可持续利用全局。提升保护意识，认识和重视保
护农业生物多样性的价值，全面推动农业生物多样性主流化。从国际经验来看，
发达国家在市场化保护与生态恢复制度上已积累了一定的实践经验。在市场化方
式上，主要有政府购买、私人直接补偿、限额交易、生态产品认证计划等手段。
政策工具有环境和气候基金、生态银行、生态效益债券、生态保险、生态信托、
资产证券化等途径。

目前我国农业生物多样性保护未与国际国内发展战略相衔接的主要原因之
一是推动国际履约的力度不够。虽然在开展的农业生物多样性保护和可持续利用
中有一些目标与爱知生物多样性目标一致，但并未将爱知生物多样性目标纳入农
业农村部门的发展的战略，特别是在农业生物多样性主流化、能力建设和遗传资
源获取与惠益分享等方面差别较大（郑晓明等，2021）。建议我国加大农业生物
多样性保护的国际履约力度，尽快推动加入《粮食和农业植物遗传资源国际条

约》。加入《粮食和农业植物遗传资源国际条约》能够使我国便利地获取各缔约方和国际接轨到该条约多边系统中的粮农植物遗传资源，丰富我国保存的资源的多样性。

以绿色"一带一路"国际合作为契机，主动承担与我国发展地位相匹配的国际责任，引领示范发展中国家的绿色发展模式（张剑智等，2020）。"一带一路"倡议为沿线国家凝聚成的命运共同体打开了绿色发展共赢的新局面。充分发挥"一带一路"绿色发展联盟、生态环保大数据平台的作用，深化中日韩合作、中国—东盟博览会、澜沧江—湄公河流域治理、中国—上海合作组织经济合作等合作机制。不断充实"一带一路"绿色合作的内涵，推动实施绿色发展示范项目，促进生物多样性保护、海洋环境治理、绿色能源、绿色金融和绿色供应链等领域的合作，打造更开放、更广泛的"一带一路"绿色发展合作伙伴关系。

参考文献

安颖蔚, 史书强, 冯良山, 等, 2016. 玉米/大豆间作提高农田生产力和水分利用效率研究[J]. 园艺与种苗(9) : 80-93.

鲍士旦, 2000. 土壤农化分析 [M]. 3版. 北京: 中国农业出版社.

陈菁, 陈迪, 刘顺国, 2022. 保护性耕作对土壤质量的影响及其综合效益[J]. 农业经济 (12) : 12-14.

崔亮, 苏本营, 杨峰, 等, 2014. 不同玉米—大豆带状套作组合条件下光合有效辐射强度分布特征对大豆光合特性和产量的影响[J]. 中国农业科学, 47 (8) : 1489-1501.

杜亚彬, 马塬淇, 王雪峰, 等, 2020. 刺五加根际效应和土壤环境因子对土壤跳虫群落结构的影响[J]. 植物保护学报, 47 (6) : 1251-1260.

杜志雄, 金书秦, 2016. 中国农业政策新目标的形成与实现[J]. 东岳论丛,37 (2) : 24-29.

杜志雄, 金书秦, 2021. 从国际经验看中国农业绿色发展[J]. 世界农业 (2) : 4-9, 18.

董立国, 袁汉民, 李生宝, 等, 2010. 玉米免耕秸秆覆盖对土壤微生物群落功能多样性的影响[J]. 生态环境学报, 19 (2) : 444-446.

范元芳, 刘沁林, 王锐, 等, 2017. 玉米—大豆带状间作对大豆生长、光合荧光特性及产量的影响[J]. 核农学报, 31 (5) : 972-978.

高洪军, 彭畅, 张秀芝, 等, 2019. 不同秸秆还田模式对黑钙土团聚体特征的影响[J]. 水土保持学报, 33 (1) : 75-79.

高阳, 段爱旺, 刘祖贵, 等, 2008. 玉米和大豆条带间作模式下的光环境特性[J]. 应用生态学报, 19 (6) : 1248-1254.

葛鹏飞, 王颂吉, 黄秀路, 2018. 中国农业绿色全要素生产率测算[J]. 中国人口·资源与环境, 28 (5) : 66-74.

贺同鑫, 李艳鹏, 张方月, 等, 2015. 林下植被剔除对杉木林土壤呼吸和微生物群落结构的影响[J]. 植物生态学报, 39 (8) : 797-806.

黄亚萍, 海江波, 罗宏博, 等, 2015. 不同种植模式及追肥水平对春玉米光合特性和产量的影响[J]. 西北农业学报, 24 (9) : 43-50.

霍琳, 杨思存, 王成宝, 等, 2019. 耕作方式对甘肃引黄灌区灌耕灰钙土团聚体分布及稳定性的影响[J]. 应用生态学报, 30 (10) : 3463-3472.

孔令博, 杨小薇, 欧阳峥峥, 等, 2022. 欧盟农业绿色发展政策演进及对中国农业发展的借鉴[J]. 农业展望, 18 (6) : 3-9.

李猛, 张恩平, 张淑红, 等, 2017. 长期不同施肥设施菜地土壤酶活性与微生物碳源利用特征比较[J]. 植物营养与肥料学报, 23 (1) : 44-53.

李彤, 王梓廷, 刘露, 等, 2017. 保护性耕作对西北旱区土壤微生物空间分布及土壤理化性质的影响[J]. 中国农业科学, 50 (5) : 859-870.

李学垣, 王启发, 徐凤琳, 2000. 稻草还田对土壤钾、磷、锌的吸附—解吸及其有效性的影响[J]. 华中农业大学学报, 9 (3) : 227-232.

刘威, 张国英, 张静, 等, 2015. 2种保护性耕作措施对农田土壤团聚体稳定性的影响[J]. 水土保持学报, 29 (3) : 117-122.

刘琼, 魏晓梦, 吴小红, 等, 2017. 稻田土壤固碳功能微生物群落结构和数量特征[J]. 环境科学, 38 (2) : 760-768.

刘淑梅, 孙武, 张瑜, 等, 2018. 小麦季不同耕作方式对砂姜黑土玉米农田土壤微生物特性及酶活性的影响[J]. 玉米科学, 26 (1) : 103-107.

吕书财, 徐瑶, 陈国兴, 等, 2018. 大豆冠层光合有效辐射、叶面积指数及产量对种植密度的响应[J]. 江苏农业科学, 46 (18) : 68-72.

吕指臣, 胡鞍钢, 2021. 中国建设绿色低碳循环发展的现代化经济体系: 实现路径与现实意义[J]. 北京工业大学学报 (社会科学版) , 21 (6) : 35-37.

马瑞萍, 安韶山, 党廷辉, 等, 2014. 黄土高原不同植物群落土壤团聚体中有机碳和酶活性研究[J]. 土壤学报, 51 (1) : 104-113.

马世骏, 王如松, 1984. 社会—经济—自然复合生态系统[J]. 生态学报, 4 (1) : 1-9.

农传江, 王宇蕴, 徐智, 等, 2016. 有机物料腐熟剂对玉米和水稻秸秆还田效应的影响[J]. 西北农业学报, 25 (1) : 34-41.

潘根兴, 李恋卿, 郑聚锋, 等, 2008. 土壤碳循环研究及中国稻田土壤固碳研究的进展与问题[J]. 土壤学报, 45(5): 901-914.

盘礼东, 李瑞, 2021. 有机覆盖措施对土壤肥力的影响研究现状及展望[J]. 贵州师范大学学报 (自然科学版) , 39 (6) : 91-101.

裴雪霞, 党建友, 张定一, 等, 2014. 不同耕作方式对石灰性褐土磷脂脂肪酸及酶活性的影响[J]. 应用生态学报, 25 (8) : 2275-2280.

青格尔, 高聚林, 王振, 等, 2016. 玉米秸秆低温降解复合菌系GF-20的促分解作用及对土壤微生物多样性的影响[J]. 玉米科学, 24 (3) : 153-161.

苏鑫, 郭迎岚, 卢嫚, 等, 2020. 3 种碳添加对退化农田土壤固碳细菌群落结构多样性的影响[J]. 环境科学学报, 40 (1) : 234-241.

谭淑豪, 2021. 以绿色发展理念促中国农业绿色发展[J]. 人民论坛·学术前沿 (13) : 68-75.

田慎重, 王瑜, 张玉凤, 等, 2017. 旋耕转深松和秸秆还田增加农田土壤团聚体碳库[J]. 农业工程学报, 33 (24) : 133-140.

王桂林, 曹鹏, 刘章勇, 2012. 保护性耕作对土壤养分及碳库管理指数的影响[J]. 环境科学与技术, 35 (8) : 71-73, 162.

王丽, 李军, 李娟, 等, 2014. 轮耕与施肥对渭北旱作玉米田土壤团聚体和有机碳含量的影响[J]. 应用生态学报, 25 (3) : 759-768.

王美佳, 王沣, 苏思慧, 等, 2019. 秸秆还田对土壤水稳性团聚体及其碳分布的影响[J]. 干旱区研究, 36 (2) : 331-338.

王艳廷, 冀晓昊, 吴玉森, 等, 2015. 我国果园生草的研究进展[J]. 应用生态学报, 26

(6)：1892-1900.

王燕, 王小彬, 刘爽, 等, 2008. 保护性耕作及其对土壤有机碳的影响[J]. 中国生态农业学报, 16 (3)：766-771.

王耀锋, 邵玲玲, 刘玉学, 等, 2014. 桃园生草对土壤有机碳及活性碳库组分的影响[J]. 生态学报, 34 (20)：6002-6010.

魏琦, 张斌, 金书秦, 2018. 中国农业绿色发展指数构建及区域比较研究[M]. 农业经济问题 (11)：11-20.

吴金水, 林启美, 黄巧云, 等, 2006. 土壤微生物生物量测定方法及其应用[M]. 北京：气象出版社.

武晓森, 杜广红, 穆春雷, 等, 2014. 不同施肥处理对农田土壤微生物区系和功能的影响[J]. 植物营养与肥料学报, 20 (1)：99-109.

杨学明, 张晓平, 方华军, 2003. 农业土壤固碳对缓解全球变暖的意义[J]. 地理科学, 23 (1)：101-106.

尹昌斌, 李福夺, 王术, 等, 2021. 中国农业绿色发展的概念、内涵与原则[J]. 中国农业资源与区划, 42 (1)：1-6.

余福海, 彼得·韦恩斯, 2020. 后疫情时代的欧盟粮食安全战略[J]. 世界农业2020 (12)：30-38, 128.

张斌, 金书秦, 2020. 荷兰农业绿色转型经验与政策启示[J]. 中国农业资源与区划, 41 (5)：1-7.

张剑智, 孙丹妮, 2020. 美国环境政策变化趋势及对我国环境领域国际合作的影响[J]. 环境保护, 15：72-75.

张鹏, 梅杰, 2022. 欧盟共同农业政策：绿色生态转型、改革趋向与发展启示[J]. 世界农业 (2)：5-14.

张先凤, 朱安宁, 张佳宝, 等, 2015. 耕作管理对潮土团聚体形成及有机碳累积的长期效应[J]. 中国农业科学, 48 (23)：4639-4648.

张英英, 蔡立群, 武均, 等, 2017. 不同耕作措施下陇中黄土高原旱作农田土壤活性有机碳组分及其与酶活性间的关系[J]. 干旱地区农业研究, 35 (1) : 1-7.

郑晓明, 杨庆文, 2021. 中国农业生物多样性保护进展概述[J]. 生物多样性, 29 (2) : 167-176.

钟晓兰, 李江涛, 李小嘉, 等, 2015. 模拟氮沉降增加条件下土壤团聚体对酶活性的影响[J]. 生态学报, 35 (5) : 1422-1433.

朱凡, 李天平, 郁培义, 等, 2014. 施氮对樟树林土壤微生物碳源代谢的影响[J]. 林业科学, 50 (8) : 82-89.

Bach E M, Hofmockel K S, 2014. Soil aggregate isolation method affects measures of intra-aggregate extracellular enzyme activity[J]. Soil biology and biochemistry, 69: 54-62.

Couëdel A, Alletto L, Tribouillois H, et al., 2018. Cover crop crucifer-legume mixtures provide effective nitrate catch crop and nitrogen green manure ecosystem services[J]. Agriculture, ecosystems and environment, 254: 50-59.

Fujii S, Saitoh S, Takeda H, 2014. Effects of rhizospheres on the community composition of Collembola in a temperate forest[J]. Applied soil ecology, 83: 109-115.

Huang X Z, Wang C, Liu Q, et al., 2018. Abundance of microbial CO_2 -fixing genes during the late rice season in a long-term management paddy field amended with straw and straw-derived biochar [J]. Canadian journal of soil science, 98 (2) : 306-316.

Jansch S, Scheffczyk A, Rombke J, 2017. The bait-lamina earthworm test: a possible addition to the chronic earthworm toxicity test?[J]. Euro-Mediterranean journal for environmental integration, 2 (1) : 1-11.

Li Y, Chen Y, Xu C, et al., 2018. The abundance and community structure of soil arthropods in reclaimed coastal saline soil of managed poplar plantations [J]. Geoderma, 327: 130-137.

Li Y, Li Z, Cui S, et al., 2019. Residue retention and minimum tillage improve physical environment of the soil in croplands: a global meta-analysis[J]. Soil and tillage research, 194 (2019) : 104292.

Li Y, Zhang Q, Cai Y, et al., 2020. Minimumtillageandresidueretentionincreasesoilmicr obialpopulationsize and diversity: implications for conservation tillage[J]. Science of the total environment, 716: 137164.

Maddonni G A, Otegui M E, Cirilo A G, 2001. Plant population density, row spacing and hybrid effects on maize canopy architecture and light attenuation[J]. Field crops research, 71: 183-193.

Mbuthia L W, Acosta-Martínez V, Debruyn J, et al., 2015. Long term tillage, cover crop, and fertilization effects on microbial community structure, activity: implications for soil quality[J]. Soil biology and biochemistry, 89: 24-34.

Metay A L, Moreira J, Bemoux M, et al., 2007. Storage and forms of organic carbon in a no-tillage under cover crops system on clayey oxisol in dry land rice production (Cer-rados, Brazil) [J]. Soil and tillage research, 94: 122-132.

Qian X, Gu J, Pan H J, et al., 2015. Effects of living mulches on the soil nutrient contents，enzyme activities，and bacterial community diversities of apple orchard soils[J]. European journal of soil biology, 70: 23-30.

Qin J, Liu H M, Zhang H F, et al., 2021. Nitrogen deposition reduces the diversity and abundance of *cbbL* gene-containing CO_2-fixing microorganisms in the soil of the *Stipa baicalensis* steppe[J]. Frontiers in microbiology, 12 : 570908.

Rochette P, 2008. No-till only increases N_2O emissions in poorly-aerated soils[J]. Soil and tillage research, 101: 97-100.

Schmidt R, Gravuer K, Bossange A V, et al., 2018. Long-term use of cover crops and no-till shift soil microbial community life strategies in agricultural soil[J]. PLoS One, 13 (2) : 1-19.

Smith P, Martino D, CaiZ C, et al., 2008. Greenhouse gas mitigation in agriculture [J]. Philosophical transactions of the royal society of London. series b, biological sciences, 363: 789-813.

Tan B, Yin R, Yang W, et al., 2020. Soil fauna show different degradation patterns of lignin and cellulose along an elevational gradient[J]. Applied soil ecology, 155: 103673.

Yin R, Gtuss I, Eisenhauer N, et al., 2019. Land use modulates the effects of climate change on density but not community composition of Collembola[J]. Soil biology and biochemistry, 138: 107598.

Zhao K, Kong W D, Wang F, et al., 2018. Desert and steppe soils exhibit lower autotrophic microbial abundance but higher atmospheric CO_2 fixation capacity than meadow soils[J]. Soil biology and biochemistry, 127: 230-238.

Zheng W, Zhao Z, Gong Q, et al., 2018. Effects of cover crop in an apple orchard on microbial community composition, networks, and potential genes involved with degradation of crop residues in soil[J]. Biology and fertility of soils, 54 (6) : 743-759.

Zhu Y, Wang Y F, Chen L D, 2020. Effects of non-native tree plantations on soil microarthropods and their feeding activity on the Chinese Loess Plateau[J]. Forest ecology and management, 477: 118501.

彩　图

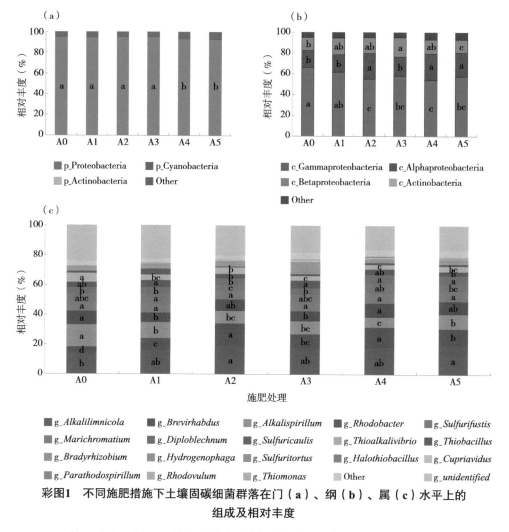

彩图1　不同施肥措施下土壤固碳细菌群落在门（a）、纲（b）、属（c）水平上的组成及相对丰度

［同一群落类型（门、纲、属）柱上不同字母表示处理间在0.05水平上差异显著］